**정 현 정**

저자는 25년 이상 수학교육과 교사 양성에 헌신해 온 초등수학교육 전문가이다. 부산교육대학교 교육대학원에서 초등수학교육학 석사를 이수한 그는 수학을 아이들의 삶과 연결된 언어로 바라보며, 학부모와 교사가 함께 성장할 수 있는 배움의 환경을 설계해왔다. 수학일기를 단순한 기록이 아닌 사고력과 표현력을 기르는 융합 교육의 장으로 발전시키고자 연구와 집필을 이어왔다. 현재 디지털융합교육원 지도교수이자 한국 AI 교육 협회 부회장으로 활동하며, AI와 수학을 접목한 미래 교육을 탐구하고 있다. 이번 《수학일기》 이론편은 현장의 경험과 연구 성과를 담아 교사와 학부모가 아이들과 함께 수학을 즐기며 성장할 수 있는 길을 제시한다.

**김 혜 란**

저자는 초등 1학년 자녀를 둔 엄마이자 전업주부로, 아이와 함께 성장하고 싶은 마음으로 초등수학지도사와 창의수학지도사 과정을 공부했습니다.
아이들의 수학은 엄마의 사고에서 시작된다는 깨달음은, 수학일기 프로젝트에 참여하게 된 큰 계기가 되었습니다. 수학을 가르치는 사람이 아닌, 아이들과 소통하며 함께 걷는 수학교사로 나아가고자 합니다. 더 많은 엄마들과 교사들이 따뜻한 수학의 힘을 느끼기를 바랍니다.

**서민영**

저자는 엄마가 된 후, 아이에게 수학을 쉽고 재미있게 가르치고 싶다는 마음으로 뒤늦게 수학교육의 길에 들어섰습니다. 초등수학, 창의수학, 하브루타 사고력 수학을 꾸준히 공부하며, 현재는 초등학생을 대상으로 사고력 중심의 수업을 진행하고 있습니다.

조작 활동과 하브루타 대화를 통해 수학을 '문제를 푸는 과목'이 아닌 '생각을 키우는 도구'로 받아들이도록 돕고 있으며, 이번 수학일기 집필은 그 실천의 연장선이자 저자의 의미 있는 기록입니다.

**이주영**

저자는 수학 전문 공부방 '탄탄수학'을 운영하며 아이들의 개별 맞춤 학습을 지도하고 있습니다. 어떻게 하면 아이들이 수학을 좀 더 쉽게 이해할 수 있을까, 어떻게 하면 배운 내용을 완전한 아이들의 것으로 만들 수 있을까? 라는 생각에서 출발하여 다양한 수학 전문 과정을 이수하고 이를 활용하여 교과 학습과 조작 활동을 접목해 수학 개념을 쉽게 이해하도록 돕고 있습니다. 아이들이 스스로 깨닫고 성장하는 수학적 힘을 키우는 교육을 지향하며 많은 연구와 노력에 힘쓰고 있습니다.

**최 지 은**

저자는 느린 아이를 키우는 엄마로서, 아이에게 꼭 맞는 수학 교육을 찾기 위해 지난 10년간 직접 가정에서 아이를 가르치며 수학 공부를 이어왔습니다. 초등수학지도사 과정을 통해 배운 내용을 바탕으로, 느린 아이에게 맞춘 본인만의 학습법을 개발하고 실천해왔습니다. '엄마표 수학'이 단순한 학습을 넘어, 아이와 마음을 나누는 따뜻한 소통의 도구가 될 수 있음을 믿으며, 같은 고민을 가진 부모들과 그 가치를 함께 나누고자 오늘도 분주히 '소통하는 수학'의 전도사가 되어 활동하고 있습니다.

**황 혜 진**

저자는 10년 이상 수학 교육 현장에서 아이들의 성장을 이끌어 온 수학 전문가입니다.
수학 전문 학원에서 다양한 학생들과 함께하며, 아이들이 수학을 보다 쉽고 즐겁게 이해할 수 있는 교수법을 지속적으로 연구해왔습니다. 수학을 논리적 사고와 삶의 태도를 기르는 과정으로 바라보며, 이번 『수학일기』 집필 역시 그 교육 철학의 연장선에서 이루어진 의미 있는 작업입니다. 현재는 수학 전문 공부방 '수학의정원'의 원장으로서, 아이들이 수학을 통해 사고의 즐거움을 느끼고 주도적으로 성장할 수 있도록 다양한 콘텐츠와 도구를 개발하고 있으며, 학부모와의 긴밀한 소통을 통해 AI 시대에 부합하는 새로운 수학교육을 실천하고 있습니다.

# 목차

# 프롤로그

책꽂이에 빼곡히 꽂힌 수학 문제집들이 저의 마음을 누릅니다. 어떻게 하면 저 딱딱한 문제집에서 벗어나 재미있고 즐거운 수학의 길로 아이들을 안내할 수 있을까? 제가 만난 수학은 참으로 아름답고 즐거운 수학이었습니다. 그런데 그 아름다움을 아이들에게 전달할 수가 없었습니다. 점수에서, 진도에서 자유로울 수가 없었기 때문입니다.

초등수학지도사 강의 현장에서 수없이 마주친 질문 '어떻게 하면 아이들이 수학과 친구가 될 수 있을까?' '그 방법을 나의 강의를 듣는 수강생들에게 어떻게 알려 줄 수 있을까?' 늘 제 마음속의 숙제였습니다. 그러다 저는 너무도 가까이에서 '수학일기'라는 반짝이는 씨앗을 발견했습니다. 학생들에게 하루 한 문제, 한 가지 생각을 글과 그림으로 기록하게 하니, 숫자와 기호는 이야기와 감정이 되어 아이들의 마음에 뿌리내렸습니다.

저는 초등수학지도사 과정에서 늘 강조하는 것이 있습니다. "엄마(교사)의 환한 미소는 아이의 뇌를 격동시킨다." "엄마(교사)의 칭찬은 우리 아이의 수학 실력을 춤추게 한다." "엄마(교사)의 지속적인 관리는 산소와 같다."입니다. 저의 강의를 수강하신 엄마, 교사들과 함께 수학일기를 통해 이것을 실천해 보았습니다. 그리고 그 결과물을 여기에 실어봅니다. 저의 마음 깊은 곳에 있던 '배우고 때때로 익히니 즐겁지 아니한가?' 라는 논어의 한 구절이 열매를 맺습니다.

 이제 이 책을 마주한 당신도 같은 기쁨을 맛보길 바랍니다. 수학이 어렵다는 편견을 넘어, 호기심이 춤추고 사고력이 자라는 참 기쁨의 순간에 함께 하면 좋겠습니다. 이 책을 완성하기 위해 몸소 실천하고 수학일기 쓰기에 동참하신, 선생님, 엄마들께 감사의 마음을 전합니다. 이 책이, 수학을 즐겁게 가르치고자 애쓰시는 많은 분께 좋은 자료가 되기를 다섯 분의 엄마, 선생님들과 함께 소망합니다.

# 들어가며

　오래전 학생들에게 "-6×-4는 왜 '양수'가 될까요?"라는 제목으로 자신의 생각을 적어보라고 한 적이 있습니다. 보통의 경우 '-6×-4 = 24'라고 바로 답이 나옵니다. 그런데 이 짧은 질문 앞에서 아이들은 스스로 찾아낸 답을 적으려 하다가, 잠깐 멈추어 다시 생각하는 모습을 보았습니다.

　이런 순간을 볼 때 저는 '수학 일기야말로 온전히 사고의 영역으로 공부할 수 있는 좋은 도구'라는 사실을 깨닫게 됩니다. 우리는 흔히 수학을 '정답이냐 오답이냐?'로 나누는 냉정한 과목으로 생각합니다. 그러나 잘 들여다보면, 수학은 누구보다 인간적인 학문입니다.

　실수를 통해 더 정확한 길을 발견하고, 추측을 통해 아름다운 공식을 완성하며, 한 사람의 엉뚱하게 브이는 새로운 시각이 학문 전체를 흔들어 놓기도 하지요. 이러한 것들이 '수학'의 모습입니다. 우리가 수학을 공부하며 '일기'라는 것을 통해 수학이 내 생활의 일부로 불러들일 수 있다고 생각합니다.

　좋은 점수를 받기 위하여 공부하던 수학이 내가 들여다보고 생각하고 대화하다 보면 수학은 어느새 인격체가 되어 나에게 다가옵니다. 그러한 것들을 일기에 기록하면서 수학이 단순히 좋은 점수를 받기 위해 계산만을 하는 타인이 아니라 내 삶 속에서 나와 함께 공존하는 생활의 한 영역이 될 수 있다는 것을 깨닫게 됩니다.

이것을 가능하게 하는 것이 '수학일기'입니다. 수학 속에서 길을 잃기도 하고, 다시 돌아오기도 하며, 작은 깨달음이 다음 날의 긴 탐험을 이끌기도 하는 참으로 다양하고 재미있는 발걸음을 나의 일기 속에 기록해 보는 것이지요. 이것이 제가 수학일기를 '학습의 도구'라고 생각하는 이유입니다.

## 일기가 되찾아 준 '배움의 리듬'

제가 수학 일기를 처음 도입했을 때, 목적은 단순했습니다. 매 단원평가에서 '틀린 개념이 뭔지조차 모른 채' 넘어가는 아이들을 보며, 오답노트를 작성하던 중 사고 과정을 기록해 두는 습관이 필요하다고 느꼈습니다. 그래서 처음에는 오답 쓰기에서 시작되었습니다. 그러나 몇 달이 지나면서 놀라운 변화를 발견했습니다. '기록'이 '점검'으로, '점검'이 '계획'으로, '계획'이 다시 '실행'으로 돌고 돌며 아이들의 배움엔 리듬이 생겼습니다.

예를 들어 3학년 수현이는 곱셈 문제에서 식을 건너뛰어 답을 도출하다 보니 항상 곱셈·나눗셈 문제에서 실수했습니다. 수현이의 일기에 "나는 구구단을 잘 외우는데 곱하기가 틀렸다"는 내용의 일기가 적혀있었습니다. 그리고 얼마 후에는, "7×6은 7을 여섯 번 더해도 되기 때문에 이것이 곱셈의 원리라는 걸 깨달았다."고 쓰더니 묶음으로 나누는 원리에 실수가 줄어드는 것을 보았습니다.

곱셈과 나눗셈의 시험지 위에서 더 이상 헤매지 않는 수현이의 모습을 볼 수 있었지요. 기록은 거울이 되고, 거울은 스스로를 점검하는 좋은 교사였습니다.

# 부모 – 교사 – 아이, 세 줄의 따뜻한 삼각형

수학일기를 쓰기 전에는 학교와 가정, 아이와 교사 사이에 보이지 않는 벽이 있었습니다. 아이는 '틀렸으니 혼날까 봐' 문제지를 숨겼고, 부모는 한숨 섞인 "오늘 뭐 배웠니?"로 대화를 시작했습니다. 교사는 채점표 숫자만으로 아이의 이해 상태를 짐작하느라 늘 평가방식의 보완이 필요했지만 하루하루의 바쁜 업무에 다른 방법을 찾지 못하고 있었습니다.

그런데 일기가 그 벽에 작은 창문을 만들었습니다. 아이는 공책에 숫자 대신 생각과 감정을 써 내려가기 시작했고, 부모는 페이지를 넘기며 웃었습니다. "우리 은수가 곱셈을 낱개 사탕에서 찾아냈네?" 교사에게는 그 글이 다음 수업에 참고 자료가 되어 주었습니다. '내일은 사탕 모형으로 배수와 약수에 적용해 보자.' 수학일기가 놓여 있는 책상 위에서 세 사람은 같은 풍경을 바라보며 수학 안에서 소통하게 되었습니다.

# AI라는 새 친구의 등장

그리고 어느새 우리는 AI 시대로 들어섰습니다. 처음에는 'AI 첨삭 시스템'이라는 말이 낯설기만 했습니다. "기계가 글을 읽고 피드백을 줄 수 있을까?" 그러나 인공지능 도구가 초안을 검토하고, 논리적 빈틈과 잘못된 계산을 강조표시하며, "이 단계에서 공식을 한 번 더 확인해 보세요"라고 조언하는 모습을 보고 적잖이 놀랐습니다. 이런 경험들을 하며 지금 저는 연구 중에 있습니다. 아이들이 AI 챗봇에게 실수 원인을 묻고, 챗봇은 시각 자료를 곁들여 설명, '반복 계산'이 필요한 부분은 자동으로 연습 문제가 생성되고, 아이는 스스로 채점 결과를 일기에 옮기며 포트폴리오를 완성합니다. 교사는 AI 대시보드를 통해 학생별 약점 분석 그래프를 확인하고, 부모는 모바일 앱으로 자녀의 성장 곡선을 한눈에 보는 이런 시스템을 완성하고자 합니다. 그래서 AI를 수학일기에 접목하는 방법을 찾아내고자 열심히 연구 하고 있습니다. 일기는 여전히 공책 위에 있지만, 그 공책은 이제 데이터와 연결된 살아 있는 생태계가 될 것입니다.

## 숫자보다 사람이 먼저다

하지만 아무리 시대가 달라져도 변하지 않는 사실이 있습니다. 일기의 핵심은 여전히 '따뜻한 사람'이라는 점입니다. AI가 아무리 똑똑해도, 아이가 "오늘 너무 어렵다"라고 적었을 때 그 조그만 한숨을 먼저 읽어 주는 건 바로 우리, 교사와 부모입니다. AI가 그래프로 그린 성장 곡선 뒤에는, 연필을 꼭 쥔 작은 손과, 퇴근 후 늦은 밤 아이 옆에 앉아 줬던 엄마의 미소, 수고가 있습니다.

수학일기란 결국 '마음의 기록'입니다. 틀렸지만 다시 시도해 본 용기, 이해가 안 돼서 둘러본 생활 속 예시, 결국 문제를 풀어냈을 때의 벅찬 감동. 그 모든 순간이 글씨로 남을 때, 숫자는 생명을 얻고 사람을 만집니다.

## 함께 걷는 여행의 첫걸음

이 책은 그간 제가 교실과 강의장에서 만난 많은 학생, 학부모, 교사들이 수학일기 속에서 실험하며 발견한 작은 성공과 아쉬운 실패를 담고 있습니다. 그러나 무엇보다 담고 싶은 것은 한 줄의 기록이 만들어내는 '관계의 기적'입니다.

이 글을 읽는 당신이 엄마 또는 교사라면, '수학일기'를 통해 아이들의 목소리가 얼마나 다채로운지 발견하게 될 것입니다. 부모라면, 공책 한 귀퉁이에 적힌 "엄마와 함께, 색종이를 잘라 붙이며 원주율의 원리를 깨달았다"는 문장을 읽고 마음이 따뜻해질지도 모릅니다. 그리고 학생이라면, 오늘의 궁금증을 내 언어로 풀어 쓰는 것만으로도 내일의 호기심이 두 배가 된다는 사실을 체험하게 될 것입니다.

앞으로 펼쳐질 장마다 수학일기의 가치를 재확인하고, 학생·교사·학부모 각자의 작성법과 활용 팁을 구체적으로 안내할 것입니다. AI와 결합된 새로운 가능성도 살펴볼 예정입니다. 하지만 그 모든 설명 뒤엔 하나의 메시지가 흐릅니다. "기록은 관계를 살리고, 관계는 수학을 살린다."

오늘도 칠판에 숫자를 적으며 아이들과 눈을 맞춥니다. 그 숫자들이 언제나 정답이 될 수는 없겠지요. 그러나 아이들이 적어 내려갈 작은 글씨들은, 수학이라는 도구로 그들의 삶에 지대한 영향으로 다가가게 될 것입니다. 이 과정에서 수학을 잘 가르치고자 하는 분들과 함께 '수학일기'의 가치를 전달하고자 합니다.

# 수학일기 이론편

## : 수학일기의 가치와 필요성

오랜시간 수학을 가르치고 관련 활동들을 하며 수학일기가 학생들의 개념 이해를 깊고 단단하게 만든다는 사실을 확인해 왔습니다. 특히 저는 우리의 수학인생에서 초등수학이 얼마나 중요한지를 잘 알기에 초등수학에 비중을 많이 두고 수학일기의 맥을 잡습니다. 수학일기를 쓰면 얻는 이로운 점은 여러 가지가 있지만 그중에서 제가 생각하는 중요한 몇 가지를 살펴보면 첫째, 풀이 과정과 생각을 기록하여 스스로 '모르는 부분'을 찾아내면 '자기주도 학습력'이 향상됩니다. 둘째, 공식을 글로 설명하는 동안 '개념의 의미와 조건'이 머릿속에 오래 남습니다. 셋째, 무게를 저울로 달아보거나 큰 수를 묶음으로 나누어보는 생활 사례를 적으면 '수학이 일상 언어'가 됩니다. 넷째, 단계별 정리는 '서술형 답안 연습'이 됩니다. 다섯째, 오답 원인과 문제 해결 전략을 기록하면 같은 실수를 줄일 수 있습니다. 여섯째, 일기가 쌓이면 나만의 학습 포트폴리오가 되어 복습 계획을 스스로 설계할 수 있는 '능동적 학습태도'를 기를 수 있습니다, 등의 긍정적인 부분들입니다. 이렇게 수학일기를 쓸 때 얻을 수 있는 좋은 장점들이 수학일기가 가지고 있는 가치라고 생각합니다. 현장에서 교사, 엄마, 학생들과 함께 수학일기를 적으며 나타나는 여러 사례들을 이 책 속에 담아봅니다.

수학일기는 풀이 과정, 결과, 시행착오를 간결한 문장과 도표로 남기는 개인 학습 기록서입니다. 문제집 해설을 옮겨 적는 필사가 아니라 어떤 가정을 세웠고, 왜 멈췄으며, 어떤 단서를 보고 방향을 바꾸었는지를 드러내어 주지요. 이 기록은 차후 복습 때 교사의 설명보다 신뢰할 만한 자신만의 귀한 자료가 되는데 이것은 학습자가 자신의 사고 흐름을 가장 잘 알고 있기 때문입니다. 기록은 짧아도 됩니다. 핵심은 '무엇을 이해했고 무엇을 모르는지'를 분명히 하는 데 있습니다. 능동적 학습 태도를 기를 수 있는 나의 **학습 포토폴리오**가 되는 것이지요. 이것이 수학일기가 제공하는 **핵**심 가치입니다.

이 활동이 무엇보다 중요한 것은 수학일기를 통해 첫째. 자**기주도적 수학학습자**가 될 수 있습니다. 메타인지는 학습자가 자신의 인지 상태를 점검하고 조절하는 기능입니다. 수학일기는 메타인지를 글로 표현합니다. 예를 들어 "2차 방정식에서 판별식을 바로 썼는데 근 구하는 과정이 누락되었다"처럼 구체적 판단을 기록합니다. 학습자는 자신의 부족한 부분을 파악하고 공부하는 계획을 세울 수 있게 됩니다. 스스로 자신을 점검하는 것이지요. 이것이 바로 자기주도학습의 첫걸음입니다. 일기는 개인 포트폴리오 역할을 하며, 교사 상담의 실질적 근거 자료가 되기도 합니다.

다음은 **개념에 대한 능동적 사고**입니다.
공식은 외우는 것으로 끝나지 않아야 됩니다. 사용 조건과 의미를 이해해야만 진짜 자신의 실력이 됩니다. 일기에 공식이 어디서 어떻게 나왔는지 조작이나 식으로 증명할 수 있을 때 표면 정보가 심층 정보로 바뀝니다. 예를 들어 정육면체 전개도를 스스로 그려 보고 겹침 여부를 설명하는 글을 쓰면 증명이 개념 속으로 스며듭니다. 개념을 말로 설명하는 언어화-

과정은 개념을 활성화하고 오래된 지식을, 문제를 해결하는 도구로 만들어 줍니다. 이것이 바로 공식은 외우는 것이 아니라 <u>스스로 만들어내는 것</u>이 되는 것입니다. 사실 중학생 이상의 수학에서 공식을 만들어 내는 것은 어렵습니다. 하지만 초등시기에 이 훈련을 해두면 중학 이상의 수학에서 심도 있는 수학적 사고력의 힘을 발휘할 수 있게 됩니다. 무조건적인 암기가 아니라 자연스럽게 **'개념의 의미와 조건'**이 머릿속에 오래 남게 되는 것이지요. 이러한 활동들이 수학일기를 통해 기록될 때 **수학과의 유대감 형성**이 가능해집니다.

수학 불안을 줄이려면 과목과 경험을 연결해야 합니다. 이것을 '수학과 친해지기'라고 말할 수 있습니다. 수학의 개념이 책 속에 깊이깊이 숨어있는 진리가 아닌 나의 생활속, 오늘 차를 타고 갈 때 시간과 차의 속력에서, 친구와의 약속 시간을 지키는 손목시계의 시간 속에서, 사각 모양의 색종이를 잘라보니 사각형도 되고 원도 되는 활동 속 이야기들을 나의 일기속에 기록할 때 수학의 원리가 나와 소통하게 됩니다. 이 순간 우리는 수학과 내가 끈끈한 대화를 하게 됩니다. 추상적 기호가 구체적 경험과 맞물리며 수학과 내가 소통을 하게 되는 것이지요. 이 순간이 바로 나랑 수학이 친해지는 시간, 유대감이 형성되는 시간입니다.

**다음은 생활 속 수학 찾기**입니다.

수학일기는 개인 맞춤형 프로젝트 기반 학습 도구입니다. 초등수학은 생활속 수학이라고도 합니다. 즉 초등수학교과서에 나오는 수학적 개념은 우리의 일상 속에 흔히 사용하는 수학적 개념이라는 뜻입니다. 사과하나를 친구들과 나누어 먹을 때 두 명이 먹을 때와 세 명이 먹을 때 언제 더 많이 먹을 수 있는지, 전교생이 150명일 때 버스 한 대에 25명씩 탈수 있다면 150명 모두 버스를 타려면 버스는 몇 대가 필요한지 일상의 생활 속에서 해결해야 하는 문제들이 초등수학 교과서의 원리로 모두 들어있기 때문이지요. 이러한 생활 속 이야기를 일기 속에 스토리로 옮겨보는 것입니다. 생활 속 일들을 분석해 일기장에 기록하고 해결해 보면서 수학은 멀리에 있는 것이 아닌 나의 생활 속 곳곳에 스며있다는 것을 알아가는 것입니다. 관찰→질문→가설→검증→정리 절차가 내면화되며, 초등수학의 교과 지식이 현실의 문제를 해결해 주는 의사결정 도구임을 체감하게 됩니다.

여기서 잠깐, "수학을 왜 하는 것일까?" 우리 모두 궁금한 이야기입니다. 그것은 바로 **초등 시기 문제 해결력 기르기를 위함**입니다.

폴리아의 문제해결 과정 네 단계(문제이해→계획작성→계획실행→반성)를 일기에 구조화하면 어린 시절부터 문제 해결 절차가 습관화됩니다. 저는 우리가 수학을 공부하는 것은 우리의 인생에서 만나게 될 수 많은 문제점들을 수학이라는 과목에서 배운다고 생각합니다. 운전을 배울 때 실제 도로에 나가기 전 모의주행을 하는 것처럼, 수학이라는 학문 속에서 미래의 내가 만나게 될 수 많은 문제들을 학습, 성장단계에 모의주행을 하는 것이지요. 그러한 문제해결의 과정을 글로서 정리하며 어떤 문제 앞에서 나는 어떤 도구로 이 문제를 어떠한 전략으로 해결했는지 제대로 해결이 되었는지, 가장 합리적인 방법이었는지 일기 속에서 돌아보고 점검하며 나의 문제해결력을 기르는 모습들을 수학일기에 기록하는 것입니다. 이것이 자료가되어 다음에 비슷한 문제를 만나면 훨씬 더 시행착오를 줄일 수 있는 것입니다. 기록 속에서 되돌아보기를 하고 일기의 저자는 자신의 전략을 제3자 시점으로 평가할 수 있습니다. 이러한 활동들은 자연스럽게 **서술형 평가에 대비**가 됩니다. 교사는 일기를 통해 단계별 약점을 진단하고 맞춤 피드백을 제공할 수도 있으며 교사와 학생 모두에게 수학을 비추는 거울이 됩니다.

 마지막으로 실수를 줄일 수 있는 **오답 정리**입니다.

 오류 기록은 성공 기록 못지않게 중요합니다. 오답을 적고 다시 풀어 보면, 계산 실수, 개념 오해, 문제 해석 착오 등으로 분류를 할 수 있습니다. 그러면 자연스럽게 원인·수정 전략·재시도 결과를 일기라는 표로 남기는 것과 같아집니다. 시험 직후 24시간 내 오류 분석은 학습 전이를 극대화 한다는 연구결과도 있습니다. 한 학기 후 빈도 분석을 통해 약점을 찾을 수 있는 정말 좋은 자료가 될 수 있습니다. 오답 수학일기를 바탕으로 학생을 지도할 수 있는 과학적 근거 자료가 되는 것입니다. 오답은 기록하고 작성하면 학습 효율이 크게 향상됩니다. 오류를 문서화하면서 학생은 실패를 통제가능한 사건으로 재인식하고 수학 불안을 예방하는 것이지요. 학생들은 틀린 문제를 또 틀립니다. 그때 실수라고 곧 잘 말하는데 이런 실수를 줄이는 것이 바로 수학을 잘하는 것입니다.

 수학일기를 통해 우리가 기대할 수 있는 현실적인 결과들에 대하여 살펴보았습니다. 수학일기는 한 권의 일기공책이지만 자기주도 학습 계획서, 개념 해설서, 생활 관찰 노트, 프로젝트 보고서, 문제 해결 기록지, 오답 데이터베이스가 한데 묶여 있는 나만의 수학역사책이 되는 것이지요. 중요한 것은 분량이 아니라 꾸준함입니다. 그런데 이러한 활동들을 학생 혼자 하기는 어렵습니다. 수학의 문제 풀이 방법 속에 하나의 활동으로 수학일기 활동을 활용하면 어떨까요? 수학은 문제를 푸는 것 못지않게 결과를 재해석하는 것이 정말로 중요한 학문입니다. 그런데 우리는 그것을 많이 놓치고 있는 것이 지금 우리의 수학현실이 아닐까하는 생각입니다.

수학의 기록이 쌓이면 학습자는 과정 중심 태도, 개념과 현실을 연결하는 시각, 오류를 분석 자료로 활용하는 습관을 얻습니다. 이는 시험뿐 아니라 진학·직업·일상 의사결정에도 기여합니다.

국내 연구에서 한 학기 동안 일기를 작성한 반은 평균 12점 이상의 성적 향상과 자기효능감 상승을 보였다는 연구결과도 있습니다. 나의 수학생활을 솔직한 시선으로 바라보고 사고하고 기록하는 태도는 비단 수학안에서만 머물지 않고 나라는 존재 자체를 형성하는 중요한 매개체가 되는 것입니다. 한 줄씩 남긴 글이 내일의 사고를 키우고 시간이 흐를수록 수학일기는 깊이가 깊어지고 그것은 수학에 대한 애정으로 변화될 수 있는 것이지요 결국 학습자는 깨닫게 될 것입니다. "내가 이 공책을 키운 것이 아니라 이 공책이 나를 키워 왔구나." 하는 것을. 이것이 바로 수학일기가 가지는 매우 중요한 가치와 필요성이라고 생각합니다.

## : 수학일기란 무엇인가?

수학일기는 개념을 나만의 언어로 정리하고, 이해를 다지고, 생각을 나누는 일기의 한 형식으로,

❶ **수학적 사고를 표현하는 도구입니다.** 즉 풀이 과정·떠오른 의문·대안을 글·그림·비유로 옮기며 개념을 재구성합니다. 기록되는 순간 논리가 눈앞에 드러나 메타인지가 활성화되고, 틀리는 과정까지 드러나 오류를 스스로 진단할 수 있게 됩니다.

**❷ 수학의 원리가 내면화 되는 과정입니다.** 배운 내용을 생활 경험과 연결해 맥락 속 의미를 찾습니다. 추상 공식이 교실 밖 언어로 변해 장기 기억에 남고, 경험과 결합된 개념은 쉽게 잊히지 않아 다음 학습의 발판이 됩니다.

**❸ 소통의 매개체가 됩니다.** 교사는 일기를 통해 학생의 사고 흐름·오류 패턴을 읽어 내고, 학생은 맞춤 피드백으로 이해를 보완하며 다음 목표를 세우게 됩니다. 서로의 생각을 투명하게 공유함으로써 수업은 상호작용 중심으로 가치 중심의 교수법이 될 수 있습니다.

이처럼 수학일기는 개인 사고를 시각화하고, 개념을 체계화하며, 수학속 대화를 풍성하게 하는 '작지만 강력한' 학습 장치입니다. 하루 하루의 수학적 기록이 쌓이면 수학에 대한 자신감과 호기심이 함께 자랄 수 있게 됩니다.

즉, 학생들이 수학 개념을 자신만의 언어로 재구성하는 수학적 사고의 표현 도구이며, 배운 개념을 자신의 경험과 연결하여 이해를 깊게 하는 내면화 과정입니다. 또한 교사나 학부모가 학생의 사고 과정을 파악할 수 있는 소통의 매개체가 바로 수학일기라고 할 수 있습니다.

## : 수학일기 작성법 안내

### ⬡ 학생용 수학일기

수학일기 작성법중 학생의 수학일기 측면에서 '자기 언어로 풀어내기', '오답 정리하기', '재미있는 문제만들기 & 감정 표현' 이라는 세가지 측면으로 살펴보겠습니다.

### ✏️ 자기 언어로 풀어내기

배운 내용을 자신만의 언어로 기록하는 것으로 "직각은 칠판 모서리처럼 딱 맞게 꺾인 각도예요." "원주율은 도넛의 둘레를 지름으로 나눈 값이예요." 등의 비유로 설명하기가 있습니다.

일상과 연결하기는 "집에서 학교까지 거리는 2km로, 이때 사용할 수 있는 단위는 km가 적당해요." "엄마랑 마트에 갔어요. 엄마는 카레라이스를 만들기 위해 감자를 샀는데 감자 3개를 저울에 달아보니 750g이었어요." 등과 같이 일상 속 일들을 내가 생각하는 수학의 개념을 바탕에 깔고 표현할 수 있습니다.

### ✏️ 오답 정리하기

오답정리를 통해 실수를 찾고 왜 틀렸는지 스스로 탐구합니다.

먼저 틀린 문제의 번호와 유형을 써 두고, "어디서 잘못됐지?" 하고 차근차근 살펴봅니다. 계산을 빼먹었는지, 공식이 헷갈렸는지 문제 해석을 잘못했는지 원인을 찾아낸 뒤, 올바른 풀이를 단계별로 다시 적어 봅니다. 그다음엔 비슷한 문제를 골라 또 한 번 풀어 보며 점검합니다. 이렇게 하면 모르던 부분이 내 것이 되고, 수학 실력도 단단해집니다.

### ✏️ 재미있는 문제만들기 & 감정 표현

배운 개념으로 나만의 문제를 만들어봅니다. **아이디어 발상**도 재미있습니다. 일상에서 수학 원리를 적용할 수 있는 상황을 생각해 보는 겁니다. 다음은 상황과 조건을 명확히 하여 문제를 구체화하여 새로운 나만의 둔

제를 **구성**해봅니다.

**풀이 확인도 중요**합니다. 직접 풀어보며 문제의 난이도와 명확성을 점검합니다.

**인상 깊은 문제**를 기록해보세요. 특별히 기억에 남는 문제를 적고 그 이유를 설명합니다.

"오늘 배운 확률 문제 중 주사위 문제가 재미있었어요." 등의 **감정 표현하기도** 필요합니다. 문제 풀이 과정에서 느낀 감정을 솔직하게 적습니다. "처음에는 어려워서 포기하고 싶었지만, 풀고 나니 뿌듯했어요!" 마지막에는 **질문 남기기**를 해보세요. 아직 이해가 안 되는 부분을 질문 형태로 기록하는 거지요.

조금 다른 각도로 간단히 쉽게 풀어서 살펴볼게요. 생활 속에서 "어, 이거 수학이네?" 싶은 장면을 찾아봅니다. 거기서 조건을 뚜렷이 잡아 문제로 만들고, 직접 풀어 난이도도 체크해 본 후, 풀다가 '이거 재밌다!' 싶은 건 일기에 이유까지 적어 두고, "처음엔 막막했는데 풀고 나니 속이 다 시원!" 같은 솔직한 감정도 함께 남깁니다. 아직 헷갈리는 부분이 있으면 질문으로 메모해 두면 다음 공부가 훨씬 쉬워질 거예요.

### 🔶 교사용 수학일기

교사용 수학일기는 수학수업에 대한 교사용 일지와 비슷할 수 있습니다. 그러나 일지보다는 더 심오하고 교사의 교수법과 수학에 대한 철학이 담기는 '수학 철학지도서'라고 저는 생각합니다. 교사의 입장에서 수학일기가 하나의 수준 높은 교수법으로 자리매김 할 수 있도록 '실시간 관찰 기록', '학생 이해도 분석', '교수법 개선점 도출' 의 측면에서 살펴보겠습니다.

### 📏 실시간 관찰 기록

**교사가 수학일기를 쓰기 위해서는 수업을 기록하면 좋습니다.**

진행한 수업의 핵심 내용과 학생들의 반응을 간략히 메모해 두면 시간이 지나도 정확하게 점검이 가능합니다. "이 부분에서 대부분 고개를 끄덕였구나" "여기서는 궁금해하며 손을 많이 들었네"처럼요. 수업 중에도 눈에 띄는 질문이나 표정은 바로 메모해 두었다가, 학생들이 써 온 수학일기와 함께 다시 살펴봅니다. 이렇게 하면 교사는 "무엇을 더 설명해야 할지, 어떤 예시를 바꾸면 좋을지"를 바로 알 수 있고, 다음 시간 준비도 훨씬 정확해집니다.

### 📏 학생 이해도 분석

학생들의 수학일기를 통해 개념 이해에 어려움을 겪는 학생들을 파악합니다.

필요시 메모나 상담으로 개인별 피드백을 합니다. 각 학생에게 맞춤형 조언과 격려를 하기에 일기가 적절한 도구가 되어줍니다.

### 📏 교수법 개선점 도출

교사의 수학일기는 다음 수업 전략을 수립 가능하며 더 효과적인 설명 방법과 예시를 구상합니다. 좋은점이 무엇이었는지, 효과적이었던 설명 방식과 활동을 기록합니다. 또한 나의 수업에서 **개선할 점이 있는지** 학생들이 어려워한 부분과 보완 방법을 고민하게 합니다.

**학생 반응도 매우 중요하게 작용합니다.** 학생들의 참여도와 이해도를 각

관적으로 평가할 수 있으며 실제로 수학 수업의 주체는 학생이라는 전지적 시점으로 바라보게 되는 것이지요.

**마지막으로 적용 계획입니다.** 이러한 교사의 수업기록들은 다음 수업에 반영할 구체적인 개선 방안을 만들어주는 합리적이고 과학적 근거자료가 됩니다.

## ⬡ 수학일기 활용 팁

### 학생용 수학일기

'자기 언어로 개념을 풀어내기' 하루 동안 새로 배운 개념을 친구에게 설명하듯 써 봅니다. "직각은 칠판 모서리처럼 똑바로 꺾인 각도", "$\pi$는 도넛 둘레를 지름으로 나눈 값"처럼 짧은 비유를 곁들이면 이해가 단단해지고 기억도 오래갑니다. 교과서 문장을 그대로 옮기는 것이 아니라, 내 언어로 재구성하는 과정이 핵심입니다.

'오답 정리 루틴', 틀린 문제를 그냥 지나치지 말고 일기에 기록합니다. 번호와 유형, 그리고 '계산 실수'인지 '공식 오해'인지 실수 원인을 구체적으로 적습니다. 이어서 올바른 풀이를 단계별로 다시 정리하고, 같은 유형의 문제를 한 번 더 풀어 봅니다. 이 과정을 거치면 약점이 명확해지고, 같은 오류를 반복할 가능성이 크게 줄어들게 됩니다.

'문제 만들기와 감정 기록', 생활 속에서 "이건 수학 문제로 만들 수 있겠는데?" 싶은 장면을 찾아봅니다. 조건을 명확히 정리해 스스로 문제를 구성하고 직접 풀면서 난이도를 점검합니다. 풀다가 느낀 '막막함', 하기 싫었던 마음, 풀고 난 뒤의 '뿌듯함'처럼 순간의 감정도 솔직하게 남겨 두면 학습 경험이 생생해집니다. 아직 이해가 완전히 되지 않은 부분이 있다면 질문 형태로 적어 두었다가 다음 수업이나 스스로 복습할 때 활용하면 좋습니다.

'교사의수학일기활용' 팁은 5분 기록 습관화, 수업 직후 핵심만 간략히 기록하여 지속 가능하게 합니다. 10줄 이내 간결 작성하고 핵심 포인트 몇 가지에 집중하여 효율적으로 기록합니다. 시각 자료 활용 칠판 사진이나 학생 활동 모습을 함께 저장합니다. 체계적으로 날짜별·주제별로 정리하여 나중에 쉽게 찾을 수 있게 합니다.

## : 학생과 교사를 위한 구체적인 수학일기 작성 예시

이 부분은 학생일기, 교사일기, 엄마의 수학일기로 구분하여 다섯분의 선생님과 엄마들이 작성한 각각의 실제 일기를 뒷 부분에 따라 구분하여 정리해 놓았습니다. 보시면서 실 예를 바탕으로 참고해 보시기 바랍니다.

## : 기대 효과

교사 측면에서는, 수학일기를 통해 교사는 수업 전략을 효과적으로 개선할 수 있습니다. 학생들의 이해도를 정확히 파악하고 소통이 강화되어 전반적인 교육 만족도가 높아집니다.

학부모 측면에서는, 수학일기는 학부모가 자녀의 학습 과정을 이해하는 창이 됩니다. 가정에서 효과적인 학습 지원이 가능하고, 교사와의 신뢰 관계가 강화됩니다.

수학일기를 쓰면 교사와 학부모 학생 모두에게 분명한 변화가 나타납니다. 학생이 쓰는 수학일기의 효과나 가치는 앞부분에서 다루었기 때문에 교사와 학부모 측면에서 정리해보겠습니다. 먼저 교사에게 가장 큰 이점은 수업 전략을 한층 명확하게 다듬을 수 있다는 점입니다. 아이들이 일기에 적어 둔 실수와 흥미 요소를 읽어 보면, 다음 시간에 어떤 설명과 활동이 필요한지 자연스럽게 윤곽이 잡힙니다. 덕분에 학생의 이해도를 보다 정확하게 파악하고, 정답 뒤에 숨은 사고 흐름까지 세밀하게 살필 수 있습니다. 교사는 짧은 댓글이나 추가 설명으로 즉시 반응하며, 교실 분위기는 일방적 강의에서 상호 대화형 수업으로 바뀝니다. 이런 순환이 계속되면 학생들은 '내 생각을 알아주는 수업'이라는 만족감을 느끼고, 교사도 학급의 성장을 체감해 전반적인 교육 만족도가 높아집니다.

학생의 수학일기는 학부모에게 학생을 이해하는 든든한 창구가 됩니다. 하루 한 장의 일기만 읽어도 자녀가 무엇을 어려워하고 어디에서 즐거움을 느끼는지 알 수 있어, 집에서는 비슷한 생활 예를 찾아 함께 이야기하며 맞춤형 도움을 줄 수 있습니다. 또한 담임과의 피드백이 기록으로 남아 있으니 학교와 가정 사이의 신뢰가 자연스럽게 깊어집니다.

더불어 엄마표 수학일기를 함께 쓰면 얻을 수 있는 효과를 간략하게 다섯 가지로 정리해 보겠습니다.

첫째, 학습 과정을 엄마와 아이가 동시에 기록 · 반성해 메타인지가 자연스럽게 길러집니다.

둘째, 오답과 실수의 원인을 바로잡고 그날 배운 개념을 생활 사례와 연결해 적으면서 이해가 깊고 오래갑니다.

셋째, 아이는 "엄마가 나를 이해해 준다"는 심리적 안정감을 얻고, 엄마는 아이의 흥미와 약점을 빠르게 파악해 맞춤 활동을 설계할 수 있습니다.

넷째, 매일의 기록이 쌓이면 포트폴리오가 되어 학습 성장 곡선을 한눈에 확인하고 학교나 학원과 소통할 자료로도 활용됩니다.

마지막으로, 문제를 만들고 감정을 적는 과정에서 창의력과 표현력이 함께 자라 가족 간 대화 폭이 넓어집니다.

이렇게 교사, 학부모, 학생이 일기를 매개로 손을 맞잡으면, 수학은 더 이상 혼자 고민하는 과목이 아니라 모두가 함께 성장하는 공통 언어가 될 수 있습니다.

## : 수학일기 실제 적용 사례

'뫼비우스만들기'라는 주제를 바탕으로 학생의 수학일기의 활용과 실제 적용 사례를 살펴보겠습니다.

- **학습 주제**: 뫼비우스띠의 특성 탐구
- **활동 내용**: 종이 띠로 뫼비우스띠 만들고 특성 관찰하기
- **교사 일기 예시**: "학생들이 직접 만들며 무한대 개념에 흥미를 보였다."
- **학생 일기 예시**: "오늘 만든 뫼비우스띠는 신기했어요. 앞뒤 구분이 없어요!"
- **학습 효과**: 추상적 개념을 구체적 체험으로 내면화

　오늘 수학 시간에 우리는 종이 띠를 꼬아서 '뫼비우스띠'라는 특별한 띠를 만들었다. 선생님이 종이의 한쪽 끝을 뒤집어 붙이면 앞면과 뒷면이 하나로 이어진다고 알려 주셨다. 나는 가위로 가운데 선을 따라 계속 잘랐는데, 두 줄로 나뉘지 않고 길어진 한 띠가 나와서 깜짝 놀랐다. 앞뒤가 없어 자동차가 영원히 달릴 수 있는 길 같았다. 친구들과 서로 띠를 돌려 보며 "무한대" 표시를 손으로 그려 보았다. 평소 책에서만 보던 기호가 진짜 물건으로 나타나니 무척 신기했다. 일기장에 띠 그림을 그리고, 자르기 전 예상과 결과를 정리했다.

　집에 와서도 남은 종이로 또 만들어 보았다. 이번에는 두 번 꼬아서 붙여 보니 잘랐을 때 두 개의 작은 띠가 서로 이어져 나왔다. 아빠에게 보여 드리자 "수학자가 된 것 같다!"며 웃으셨다. 내가 만든 뫼비우스띠를 책상 옆에 걸어 두었는데, 볼 때마다 오늘 배운 **끝이 없는 길**을 다시 떠올릴 것 같다. 앞으로도 수학 시간이 이렇게 실험처럼 재미있었으면 좋겠다.

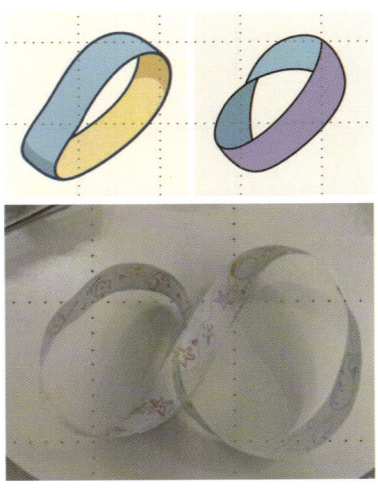

| | |
|---|---|
| 학습 주제 | 뫼비우스 띠의 특성 탐구 |
| 활동 내용 | 종이 띠로 뫼비우스 띠 만들고 특성 관찰하기 |
| 학생 일기 예시 | "오늘 만든 뫼비우스 띠는 신기했어요. 앞뒤 구분이 없어요!" |
| 교사 일기 예시 | "학생들이 직접 만들며 무한대 개념에 흥미를 보였다." |
| 학습 효과 | 추상적 개념을 구체적 체험으로 내면화 |

구체적 사례 - 뫼비우스 띠 예시

출처: 감마AI

## : '수학일기 쓰기' 활용 전략

학생용 수학일기는 네 구역으로 나뉜다. 첫 줄에 오늘의 학습 내용을 간단히 적고, 이어 이해한 것·어려운 것을 구분해 스스로 상태를 점검합니다. 그다음 배운 개념으로 나만의 문제를 만들어 직접 풀어 본 뒤, 질문과 느낀 점을 솔직하게 남깁니다. 교사는 별도 템플릿에 수업 핵심과 학생 반응을 기록하고, 관찰한 데이터를 바탕으로 개선점과 아이디어를 메모해 바로 다음 수업 계획을 세웁니다. 학생의 수학일기와 교사의 수학일기, 두 장의 기록이 힘을 내려면 주 1회 꾸준히 쓰는 습관이 필수입니다. 5분 타이머로 시간을 제한해 부담을 줄이고, 작성이 끝나면 칭찬 스티커로 동기를 부여하며, 우수 일기는 함께 공유해 긍정적 모델을 만들어갑니다. 이 과정을 계속하면 학생은 자기주도 학습력이 자라고, 교사는 수업의 질을 높이며, 가정에서도 학습 흐름을 한눈에 확인할 수 있게 됩니다.

# : AI 기술과의 융합 방안 및 최종 제안

AI와 수학일기의 융합 방안은 무엇이 있을까? 간단하게 살펴보겠습니다. 수학일기에 AI를 결합하면 학습 기록이 살아 있는 교재로 진화합니다.

첫 단계는 AI 자동 첨삭 시스템입니다. 학생이 일기를 올리면 언어 모델이 문장을 분석해 개념 이해도, 오류 유형, 표현력까지 판별하고 "분수의 통분 과정을 한 줄 더 써 보자" 같은 맞춤 피드백을 실시간으로 제시합니다.

두 번째는 학습 데이터 시각화입니다. AI가 일기에 담긴 문제 난이도·정오답 비율·감정 키워드를 수집해 주간·월간 그래프로 보여 주므로 학습 진도와 기복이 한눈에 드러납니다.

세 번째는 대화형 작성 지원입니다. 챗봇이 "오늘 가장 어려웠던 점은?" "새로 알게 된 공식은?" 같은 질문을 던져 학생이 자연스럽게 반성 글을 완성하도록 교사의 피드백을 돕습니다.

마지막으로 수학 개념 시각화 기능이 있습니다. 예를 들어 "원주율은 원의 둘레를 지름으로 나눈 값"이라고 쓰면 AI가 관련 도형과 간단한 애니메이션을 생성해 직관적 이해를 지원합니다.

이 네 가지 도구가 함께 작동하면 수학일기는 실시간 피드백 교재, 개인 학습 대시보드, 대화형 튜터, 시각 자료 모음집 역할을 동시에 수행합니다. 그 결과 학생은 더 즐겁게 기록하고, 교사·학부모는 더 정확하게 도울 수 있으며, 학습 효과는 자연스럽게 상승합니다.

뒷부분에는 학생의 수학일기, 다섯분의 교사와 엄마의 수학일기를 첨부합니다. 초등수학과, 수학을 교과서 안에만 머무르지 아니하고 창의적 측면에서 수학을 바라보며, 우리 아이들의 수학일기 지도를 어떻게 하면 효과적으로 지도할 수 있을까를 고민했습니다. 그리고 교사의 입장과 엄마의 입장, 학생들의 수학일기를 다함께 실었습니다. 느린아이를 케어하며 일어나는 엄마의 수학지도 일기, 공부방에서 학생들을 지도하며 교사가 바라본 교수법에 대한 일기, 쌍둥이 아이를 초등학교에 입학시키며 일상에서 수학을 지도하는 초보 엄마의 수학지도 일기, 더불어 학생들의 일기 등입니다.

각각의 특징들을 가지고 작성한 실제 일기입니다. 초등수학의 교수법으로 좋은 도구가 되었으면 하는 바램입니다.

# 에필로그

수학일기 마지막 페이지를 넘기며 저는 다시 처음을 떠올립니다. 문제 앞에서 숫자와 씨름하던 아이들의 반짝이는 눈, 그리고 그 뒤에서 조용히 응원하던 부모님과 선생님들의 따뜻한 시선. 이 책은 그 마음을 담아온 기록입니다.

하루 다섯 줄이라도 꾸준히 쓰면, 우리 아이들의 사고는 시나브로 자란다는 사실을 확인하게 될 것입니다. "직각은 모서리처럼 꺾였어요" 하던 목소리는 "건축물을 짓는데 왜 바람의 마음을 헤아려야 할까요?"를 질문하는 호기심으로 자라났습니다. 아이들은 글을 쓰며 스스로에게 질문했고, 답을 찾아가는 과정에서 자신만의 수학 언어를 만들었습니다. 그 언어는 교사에게는 창을, 부모에게는 다리를 놓아 주었습니다.

AI라는 새 친구도 등장했습니다. 잠들지 않는 첨삭 도우미는 아이들의 사소한 실수까지 놓치지 않았습니다. 하지만 AI가 아무리 똑똑해도, '수학이 재미있다'고 미소 짓게 하는 힘은 결국 사람의 따뜻한 시선에서 나온다는 사실을 우리는 확인합니다.

수학일기는 그래서 공책이 아니라 관계입니다. 서로를 바라보는 시간, 서로의 생각을 기다려 주는 여백입니다. 아이가 적고 지우고 다시 쓰고 지운 흔적에서, 우리는 다시 배우고, 다시 사랑하게 됩니다.

이 책을 마무리 하는 지금, 저는 여러분에게 작은 약속을 제안합니다. 내

일부터 계속 페이지를 펼치자는 약속, 그리고 그 페이지에 오늘보다 한 줄 더 깊은 질문을 적어 보자는 약속입니다. 질문은 언젠가 해답을 만나고, 해답은 또 다른 질문의 씨앗이 됩니다. 그렇게 이어지는 물음표들이 아이와 어른을 함께 성장시킬 것입니다.

숫자는 차갑지만, 수학은 따뜻합니다. 글씨는 작지만, 기록은 큽니다. 우리 모두의 일기장이 작은 호롱불이 되어, 긴 학습의 밤을 밝히길 바랍니다. 수학이 벗이 되는 길 위에서, 나의 독자들과 만날 날을 기대하며.

오늘도, 내일도, 수학일기의 연필 끝에서 우리 모두 반짝이길 소망합니다.

— 마초샘 정현정 드림

# 천천히 꾸준히 수학일기

## 넘어져도, 돌아가도, 결국 자기만의 길로 자랍니다

작가 김혜란

# 수학일기로 다시 한발 내딛으며……

2025년 6월 4일
눈부시게 푸르른 하늘

이제까지 '수학'은 나와는 거리가 먼 단어였고, 인생을 살아가는데 꼭 필요하다고 느끼지도 않았습니다.

그런 내가 지금은 수학이라는 이름 또 다른 나를 찾아가고 있습니다.
이 모든 시작은 우연한 한마디에서 비롯되었습니다.

늦은 나이에 쌍둥이를 출산 후 육아로 하루하루 보내던 어느 날, 동생의 한마디.

"언니, 애들 유치원 갔을 때 뭐라도 배워보는 게 어때?"

그 말이 내 마음 어딘가에 깊이 남아 매일매일 맴돌았습니다.

그러다 우연히 마주친 '초등수학지도사' 과정.
이제껏 낯설고 어렵기만 했던 수학이었는데 왠지 모르게 이런 생각이 들었습니다.

"이 두 시간만큼은 정답이 있는 시간이 될지도 몰라."

그렇게 조심스럽게 시작한 수학 공부.

문제를 풀고, 개념을 익히고, 아이들에게 가르치는 방법을 배우며 나의 새로운 모습을 발견해 갔습니다.

초등수학지도사 2급, 1급. 창의수학지도사 2급, 1급.

한 칸 씩 계단을 오르며 잊고 있던 나 자신을 조금씩 되찾았고, 지금의 나를 믿게 되었습니다.

지금 나는 또 하나의 계단 앞에 섰습니다.

바로 '수학일기'라는 이름의 새로운 시작입니다.

지식도, 글 솜씨도 부족하지만 이 기록을 통해 내가 걸어온 길을 돌아보고, 앞으로 걸어갈 길을 그려보고자 합니다.

서툴고 느리더라도 괜찮습니다.

중요한 건 지금, 다시 시작하고 있다는 사실.

그리고 그 시작이 내 아이들과 함께하는 수학이라는 점이 참으로 벅차고, 감사합니다.

이 책을 통해 수학을 좋아하지 않던 한 엄마가, 어떻게 수학과 친구가 되어갔는지 이 책을 통해 함께 나누고 싶습니다.

지금 이 순간부터, 다시 한 걸음 내디뎌 봅니다.

# 앞뒤 구분 없는 뫼비우스의 띠

2025년 3월 27일 목요일
봄이 오는 걸 시샘하는 꽃샘바람

오늘 드디어 창의 수학지도사 과정을 시작한 날이다.

긴장과 설렘을 안고 들어선 첫 수업의 주제는 바로 '뫼비우스의 띠'였다.

간단한 종이와 테이프만 있으면 누구나 만들 수 있는 수학적 놀라움.

수업 시간 내내 너무 재미있어서 집에 돌아오자마자 아이들과 해보고 싶었다.

"너희 오늘 엄마가 배워온 놀이 같이 해볼래?"

"같이 할래, 같이 할래!"

쌍둥이 아이들은 눈을 반짝이며 대답한다.

나는 아이들에게 도화지를 가로로 3등분 해 자른 후 이어 붙이라고 했고, 아이들은 꼼꼼히 테이프로 연결해 하나의 긴 종이를 만들었다.

그 위에 자유롭게 그림을 그리라고 하니, 좁은 종이에 맞춰 집중하며 자기만의 세계를 펼치는 모습이 참 대견했다.

그림을 다 그리고 나서 서로 칭찬해 주는 모습에, 자존감은 자연스럽게 쑥쑥 자라났다.

본격적으로 뫼비우스의 띠를 만들기 시작했다.

길게 이어진 종이의 한쪽은 그대로 두고, 다른 한쪽은 한 번 비틀어 붙이도록 했다.

시작점을 표시하고 종이를 따라 한 줄 선을 그리기 시작하자, 조금 지나

아이가 외쳤다.

"엄마! 선이 다시 만났어!"

아이들은 뫼비우스 띠 위에 선을 긋던 중,
처음 시작한 선이 돌고 돌아 다시 제자리로 돌아오는 것을 발견했다.
나는 아이들이 만든 뫼비우스의 띠와 일반 링처럼 만든 엄마의 띠를 비교해서 보여주었다.

"이건 뭐가 다를까?"
"엄마 건 앞면만 있어. 우리 건 앞뒤 다 돼!"

맞았다. 뫼비우스의 띠는 앞면과 뒷면의 구분이 없는 하나의 면으로 되어 있다.
그래서 선을 아무리 그어도 끊어지지 않고 한 줄로 계속 이어진다.
이 개념을 활용하면 양면을 모두 사용할 수 있는 구조가 된다.

"만약 종이 한쪽을 쓰는 데 5일이 걸린다면, 앞뒤 모두 쓸 수 있는 뫼비우스의 띠는?"
"10일을 쓸 수 있어!"

아이들은 신이 나서 외쳤고, 나는 웃으며 말했다.

"빙고! 잘했어."

생활 속에서 뫼비우스의 띠를 찾아보니 에스컬레이터 손잡이, 롤러코스터의 트랙처럼 끝없이 이어지는 구조 속에 뫼비우스의 원리가 담겨 있었다.

아이들은 놀이공원 얘기에 눈을 반짝이며 "가고 싶다~"를 외친다.

우리 쌍둥이들은 지금 뫼비우스의 띠를 정의하거나 수학적으로 설명할
수는 없다.

하지만 스스로 만들어보고, 선을 그리고, 그 속에서 차이를 느끼며 앞뒤
가 없이 하나로 이어진 구조를 몸으로 체험했다.

그 기억은 설명이 아니라 경험으로 남을 것이다.

앞으로 대형마트나 놀이공원에 가서 "엄마, 이거 뫼비우스 띠지?" 하며

나보다 먼저 수학을 떠올릴 그 아이들이 벌써 기대된다.

오늘 이 시간은 아이들에겐 머릿속에 추억과 지식이 함께 새겨지는 순
간, 나의 가슴속엔 따뜻한 성장의 시간으로 기억되겠지.

이렇게 엄마와 아이가 함께 배우는 수학은 단순한 공부가 아니라, 마음
과 마음이 이어지는 놀이이자 기억이다.

# 2개씩, 3개씩 묶어 세기

2025년 4월 4일 금요일
숲속 카페에서, 차 마시기 좋은 날

오늘은 '묶어 세기'를 이용한 구구단 놀이를 해봤다.

사실 '묶어 세기'와 '구구단'을 연결해서 알려주는 건 머릿속으로는 너무 쉬워 보였지만, 막상 아이들과 해보려니 생각만큼 따라오지 못하는 모습에 나도 모르게 억양이 높아졌다.

다시 숨을 고르고 마음을 가다듬었다.

"그래, 묶어 세기부터 차근차근 해보자."

집 안에 있는 장난감 보석, 색연필, 젤리 같은 작은 물건들을 꺼냈다.

"오늘은 2개씩 묶어서 세어볼까?"

아이는 반짝이는 눈으로 보석을 하나하나 옆에 두며 말했다.

"2, 4, 6, 8… 나 잘하지!"

10개까지 묶어 세기를 연습한 뒤, 가위바위보 게임으로 놀이를 이긴 사람만 2개씩 가져가서 먼저 20개를 모으거나 또는, 3개씩 가져가서 30개를 먼저 만들기 수학은 놀이처럼 흘러갔고, 우리는 어느새 묶어 세기를 몸으로 익히고 있었다.

간식시간에도 수학 놀이는 계속됐다.

블루베리 10개를 접시에 담아주며 물었다.

"블루베리를 2개씩 묶으면 몇 묶음일까?"
"다섯 묶음!"
"그럼 2개를 더 담으면?"
"여섯 묶음!"
"이번엔 3개씩 묶어볼까?"
"(잠시 생각하다가) 4묶음이에요!"

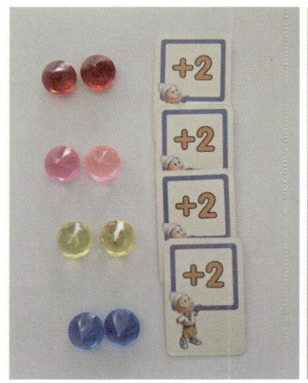  

4개, 6개로도 계속 묶어보며 묶음의 개수를 알아가는 놀이를 했다.
그리고 말해주었다.

"지금 너희가 한 게 바로 구구단이야."

아이는 고개를 갸웃했지만, 그림을 그려가듯 반복된 묶음이 만들어내는
수의 규칙을 차근차근 느껴가고 있었다.

아직 묶어 세기도 헷갈리는데 구구단을 하려는 엄마의 마음이 너무 앞서

있었나 보다.

　하지만 그보다 더 중요한 건 반복되는 놀이를 통해서 묶어 세기를 이해하고 더 나아가 구구단의 구조를 몸으로, 놀이로 이해해 가는 과정이 될 것이다.

　아이들의 머리는 스펀지 같다. 지금은 머뭇거리고 망설이지만, 놀며 웃는 그 순간순간에 '수학'이라는 개념이 조금씩 스며들고 있을 것이다.

 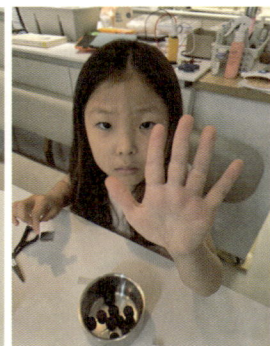 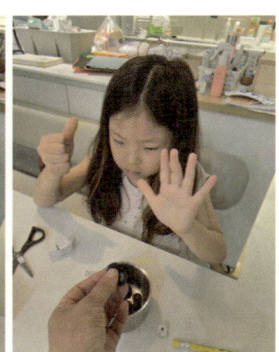

## 마법의 구구단 판

2025년 4월 15일 월요일
잿빛 하늘

　요즘 아이는 자꾸 구구단을 흥얼거린다.
"2단, 3단, 다시 2단…"

마치 동요 부르듯이 재잘거리는 모습이 귀엽기도 했다.

"3×3은 뭐야?"

그렇게 물었더니 아이는 눈만 깜빡깜빡. 모르겠다는 표정이었다.

아마도 학원에서 언니 오빠들이 외우는 걸 듣고 따라 부르기만 한 듯했다.

그 순간 나는 깨달았다.

'외우는 것보다 이해하는 게 먼저구나.'

그래서 꺼내 들었다.

창의수학 수업 시간에 배운 '마법의 구구단 판'과 내 어린 시절 추억이 담긴 '공깃돌 놀이'.

먼저 오랜만에 어릴 적 해보았던 공기놀이를 알려주었다.

아직 공기를 던지고 잡는 건 서툴렀지만 아이들은 금세 룰을 익혔다.

게임은 간단했다.

공깃돌을 따면, 2개씩 줄지어 놓는다.

먼저 20개를 채우는 사람이 이긴다.

놀면서 묶어 세기가 자연스럽게 복습되었다.

공깃돌을 모으면 마법판 체스 자석으로 위치를 표시했다.

"2개씩 다섯 묶음이면 몇 개지?"

"열 개!"

"그게 바로 2 곱하기 5야." 자연스럽게 구구단의 개념이 연결해서 알려주었다.

그렇게 놀다 보니, 아이는 또다시

"2×1은 2, 2×2는 4…" 하고 노래처럼 구구단을 흥얼댔다.

이번에도 3단쯤에서 멈췄지만, 놀이로 쌓인 경험이 언젠가는 자기만의 구구단이 되겠지, 외우는 것이 아니라 놀이처럼 스며들어야 한다는 걸 오늘도 아이와 함께하며 새삼 느꼈다.

외우는 구구단이 아니라 직접 만지고, 묶고, 놓아보며 손끝으로 이해하는 구구단.

내 아이가 수학을 두려워하지 않기를, 놀듯이 배우며 조금씩 쌓아가기를 바란다.

오늘 아이들과 함께 놀이를 하며 나도 예전의 초등학생으로 되돌아 간 거 같은 마음에 너무 정겨운 느낌이 들었다.

그리고 그 느낌이 내 마음을 따뜻하게 가득 채웠다.

# 마방진을 맞춰라

2025년 4월 22일 화요일
너무나 반가운 빗방울

오늘은 창의수학 수업이 있는 날.

오늘의 주제는 바로 '마방진'. 직접 해보는 건 처음이었다.

도무지 안 풀리던 숫자들.

될 듯 말 듯 반복하다 결국엔 선생님의 힌트를 듣고 나서야 마무리를 지을 수 있었다.

그 재미를 아이들과도 나누고 싶었다.

저녁엔 수업에서 만든 교구를 다시 꺼내 식탁 위에 펼쳤다.

– 계란 판을 마방진 판으로 3×3 칸으로 잘라 준비

– 탁구공 9개에 숫자 1부터 9까지 적어서 준비

준비 과정부터 아이들과 신나게 수다도 떤다.

그 모습을 본 아빠도 "나도 해볼래!" 하며 깜짝 참여.

판이 없다고 하니 참치 선물세트 상자 안에 들어있는 플라스틱 통을 들고는 식탁 의자에 앉은 모습에, 아이들과 함께 웃음이 터졌다.

## 가족 마방진 게임 시작

간단한 규칙을 알려주고 타이머를 20분으로 맞췄다.

하지만 누구도 20분 안에 정답을 맞히지 못했다.

아이들의 힌트 요청에 조심스레 알려줬다.

### – 첫 번째 힌트:

"3×3 칸, 총 9칸의 숫자들이 가로, 세로, 대각선의 합이 모두 같아야 함."

아빠는 힌트를 듣자마자 금방 완성하고, 아이들을 응원 해주며 기다려 주었다.

잠시 후 한 아이가 환하게 웃으며 "완성~! 엄마, 알려줄까?"

하지만 아직 못 끝낸 아이를 위해 잠시 기다려 주자고 진정시켰다.

조바심이 나는지 맞은 자리를 다시 뒤흔드는 아이에게 나는 조용히 다가가 말했다.

"도와줄까? 지금 거의 다 했는데, 혼자 남았다고 생각하니 마음이 급해졌지?"

아이는 조용히 고개를 끄덕였다.

"괜찮아. 못하는 게 아니라, 처음이라 익숙하지 않은 거야. 엄마도 오늘 수업에서 완성 못했잖아."

그 말에 아이는 다시 차분해졌고, 우리는 함께 마방진을 완성해냈다.

게임이 끝난 뒤, 상품 발표 시간!

"오늘의 우승자는 아빠! 상품은 가족에게 아이스크림 사주기~"

"야호~! 1등 안 하길 잘했네~"

우린 웃음을 터트렸다.

오늘은 수학이 우리 가족의 언어가 되었다.

무엇이든 잘하면 좋겠지만, 모든 것이 다 그렇지 않다는 걸 안다.

두 칸, 세 칸, 다섯 칸씩 훌쩍 뛰는 것보다 한 칸 한 칸, 천천히 채워가며 배우는 과정이 훨씬 값지다.

그리고 그 속에서 웃고, 이야기 나누며 가족이 함께 배우는 그 시간이 참 좋다.

아이스크림을 나눠 먹으며, 이런 내 마음이 아이들에게도 전해졌기를 바라본다.

## 딱지 속에 숨은 비밀

2025년 5월 2일 금요일
점점 더 초록초록해지는 날

요즘 윤이는 딱지 접기에 푹 빠져 있다.

친구들이랑 딱지치기를 하기로 했다고 색종이며 A4용지가 하루가 멀다

하고 줄어든다.

오늘도 식탁에 마주 앉아 딱지를 함께 접는데 윤이가 반으로 접은 종이를 보여주며 말했다.
"이게 뭔지 알아? 바로 대칭이야! 이걸 잘 맞춰 접어야 돼!"
"그래, 맞아! 우리 윤이 대칭도 잘 아네."
"그럼! 배웠으니까~" 하며 어깨를 으쓱하는 모습이 귀엽다.
딱지 하나를 다 접고 나서 내가 물었다.
"윤아, 딱지 속에 숨은 비밀을 알고 있어?"
"삼각형?!"
"맞아! 바로 삼각형이 숨어 있지."

딱지를 뒤집으면 정사각형 모양이 보이고, 앞면을 보면 작은 삼각형이 4개.
"이 삼각형은 직각삼각형이라고 불러. 직각이 되는 꼭짓점이 하나씩 있지."
"직각이 뭐야?" 궁금해 하는 아이들의 눈이 초롱초롱.
"직각은 90도 각이야. 종이를 딱 반으로 접을 때 생기는 딱 'ㄱ'자 각도, 그게 바로 직각이야."
아이들과 함께 딱지를 펴서 삼각형을 살펴보고, 직각처럼 생긴 꼭짓점을 찾아보았다.
내가 직접 종이에 각을 그려주고, 삼각자처럼 생긴 물건을 대보며 직각인 부분을 감으로 찾는 연습을 했다.
"맞아, 그게 직각이야! 너무 잘 찾았어!"

딱지 하나 접는 단순한 놀이였지만 그 속에는 수학 개념이 깊숙이 숨겨져 있었다.

대칭, 삼각형, 직각, 각도…

놀면서 자연스럽게 배우는 이 순간이 정말 소중하고 값지다는 걸 다시 느낀다.

하지만 동시에, 내가 알고 있는 걸 아이의 눈높이에 쉽고 정확하게 전달하는 건 정말 어렵다는 것도 함께 느꼈다.

오늘은 딱지를 접으며 아이들과 수학을 나눴고, 나는 또 한 번 마음속으로 다짐했다.

"아이의 눈으로, 아이의 언어로 수학을 말하는 엄마가 되어야지."

딱지를 펴면 종이처럼 평평해지지만, 그 속에 쌓인 오늘의 배움은 접을 수 없을 만큼 단단하고 깊었다.

오늘 하루도 접은 종이만큼 차곡차곡 쌓이는 배움의 시간에 감사하다.

# 내 손으로 만드는 소마큐브

2025년 5월 18일 일요일
비온 뒤 맑음, 수채화 같은 하늘

이번 주말은 아이들과 친정나들이, 텃밭에서 감자수확으로 정신없이 보냈다.

하지만 아이들은 에너자이저라고 했던가?

집에 도착하자마자 "엄마, 놀자~!"

잠자기 전까지 남은 한 시간 갑자기 생각났다.

"애들아, 우리 소마큐브 만들어볼까?"

"소마큐브가 뭐야?"

"정육면체를 만드는 퍼즐인데, '방'이라는 주제로 만든 7조각짜리 큐브야."

아이들은 조금 어려워했지만, 먼저 나무 블럭을 꺼내 보여주었다.

다온이는 "엄마 이게 정육면체지?" 하며 반가운 표정을 지었다.

수학지도사 과제 중 정육면체 전개도를 함께 만들었던 기억이 살아난 모양이다.

우선 작은 블록을 이용하여 정육면체를 만들어보았다.

다온이는 순식간에 완성했고, 다윤이는 자로 각을 맞춰가며 천천히 조심스럽게 만들었다.

"이제 만든 정육면체로 직육면체도 만들어볼까?"

조각 개수를 세어보고, 구구단으로 연결 지어 수학 이야기를 자연스럽게 나눴다.

미리 만들어둔 소마큐브의 7조각을 보여주고, 아이들도 직접 만들어보게 했다.

"엄마, 다 했어요! 일곱 개 다 만들었어요!"
"이제 이걸로 정육면체를 맞춰볼래?"

처음엔 아이들이 고개를 갸웃했다.
"이걸로 정육면체를 만든다고?" 시도해 봤지만 쉽지 않았다.

"엄마~ 도와줘요. 힌트주세요~"
내가 한 번 정육면체를 조립해 보여주자,

"우와~ 진짜네!" 하며 다시 도전.
잠자리 시간이 다 되어 가는데, 갑자기 다온이가 외쳤다.

"엄마! 완성했어! 내가 만들었어!" 그리곤 스스로 다시 풀어 처음부터 도전.
곧이어 다윤이도 "완성"하며 웃는다.

"엄마, 우리 큐브 맞추는 거 동영상 찍어줘!"
"그리고 내가 몇 초 만에 맞췄는지도 알려줘~"

자야하는 시간이라고 했더니 "엄마, 내일 아침에도 또 맞출 테니까 꼭 찍어줘."
다음날 아침, 눈도 제대로 못 뜬 채 식탁에 앉아 큐브를 맞추는 아이.
이제는 익숙한 손놀림으로 척척.
마지막으로 아이가 말했다.
"엄마, 이거 담을 수 있는 통도 만들자!"한다.

소마큐브 만들기 놀이를 아이와 같이 하면서 다시 한 번 더 느껴졌다. 그냥 단순한 블록 놀이가 아니구나.

정육면체의 구조, 공간 감각, 수의 개념까지 아이들과 함께 자연스럽게 나눌 수 있는 '수학 놀이터'였다.

아무리 좋은 교구라도, 엄마가 함께 즐겁게 놀아주는 게 가장 큰 수학 공부가 아닐까? 하는 생각을 하며 오늘도 마무리해본다.

# 정사각형 전개도의 활용

2025년 5월 25일 일요일
비 온 뒤 맑은 하늘

  어제 저녁, 시댁 식구와 식사를 하고 그곳에서 인형 뽑기에서 뽑은 몰랑이 인형 2개를 꼭 쥐고 왔다.

  집에 들어서자마자 인형을 어떻게 보관할지 고민하는 아이들.

  "엄마, 인형 넣을 작은 집 같은 거 없을까?"

  "쓰지 않는 통 달라고~"

  그 말에 살짝 힌트를 줬다.

  "그걸 너희가 직접 만들어보면 어떨까?"

  "오, 그러네! 직접 만들면 되겠다!"

  호기심에 눈이 반짝이며 도화지를 꺼내오며 의욕 가득한 표정으로 자리에 앉았다.

  "예전에 엄마랑 만들었던 정사각형 전개도 기억나?"

  기억을 더듬게 하자,

  다윤이가 조심스레 다가와 "엄마, T자 모양 같은 거 말하는 거지?" 하고 물어왔다.

  그 순간, 이해와 기억이 연결되는 아이의 눈빛이 반짝였다.

  삐뚤빼뚤 자를 사용하지 않고 그린 도화지 위의 전개도.

  "엄마, 붙이는 건 좀 도와줘!"

  그래, 처음부터 완벽할 순 없지.

  도와주며 "와, 정말 잘 만들었다!" 칭찬도 아낌없이 해주었다.

  다음날, 내가 필요한 정사각형 상자가 없어 전개도를 다시 그려보려 하자 아이들이 옆에 와 물었다.

  "엄마, 뭐해?"

"엄마가 정육면체 하나 만들어보려고. 도와줄래?"

"응!"

아이들과 나란히 앉아 면을 그리고, 오리고, 접고, 풀로 붙여 정육면체 하나를 완성해 보았다.

아이들은 기특하게도 엄마를 도와줬다는 사실에 뿌듯해했다.

정육면체와 전개도에 대해 한 번 더 같이 알아봤다.

---

- 정육면체는 면이 6개
- 모든 면은 서로 크기가 같은 정사각형
- 마주 보는 면은 3쌍
- 전개도는 총 11가지 형태가 있음

---

우리가 만든 건 그중 하나인 'T자 전개도'였지!

말이 끝나자마자 아이들은

"엄마~ 이제 다 했지? 우리 놀자!" 하고

놀이방으로 사라진다.


정사각형 전개도는 단순히 도형을 접는 데 그치지 않고 아이들의 공간 감각, 형태 이해, 기억력, 창의성까지 자극하는 아주 좋은 수학 놀이이기도 하다.

초등수학지도사 과정을 하면서 나도 정사각형 전개도를 만들었던 적이 있다.

그때는 과제였지만 지금은 생활 속 놀이가 되었다.

아이들이 종이 상자를 접었다 폈다 반복하며 놀던 기억, 혼자서 완성한 상자를 보며 "작은 상자!"하며 외치고 신나하던 순간들이 스쳐간다.

무엇보다 깨달은 건, 엄마가 먼저 해 보이는 것, 그게 가장 큰 교육이라는 사실.

과제를 하고, 책을 읽고, 무언가를 만들어가는 나의 '노력하는 모습' 자체가 아이들에겐 살아 있는 배움이고, 따뜻한 밑거름이 되는 중이다.

  매일 똑같은 일상이지만, 조금씩 나아가는 지금 이 길이 엄마로서 참 괜찮은 선택이란걸 오늘도 느낀다.

## 돈의 개념과 단위, 그리고 다른 나라 돈

2025년 5월 30일 금요일
화창한 봄날

칭찬 스티커, 으쓱 포인트!

아이들과 함께 쓰는 이 작고 확실한 보상 방식은 언제나 동기부여가 된다.

우리 집에서는 포인트를 다 채우면 다이소 5,000원 기프트카드를 선물로 주기로 했다.

드디어 그날이 왔고, 둥이들과 함께 다이소에 갔다.

아이들은 이것저것 물건을 집었다 놓았다 반복하며 신중하게 고르는 모습이다.

그때 한 아이가 물었다.

"엄마, 이거 얼마야? 몇 천 원이야?"

가격표를 보며 "5랑 0이 세 개면 살 수 있지?"

100단위 숫자는 제법 읽지만 1,000단위는 아직 어색하고 헷갈리는 듯했다.

"5랑 0이 세 개면 5,000원이야. 0이 하나면 '십', 두 개면 '백', 세 개면 '천'이라는 뜻이야. 숫자의 자리를 읽는 게 중요해." 숫자를 직접 손가락으로 짚어가며 설명해 줬다.

집에 돌아온 뒤에도 아이들의 호기심은 멈추지 않았다.

"엄마, 다른 나라 돈도 있어?"

"있지! 우리 집에도 있단다."

아이들은 호기심 가득한 눈빛으로 나를 바라봤다.

우리나라 돈 '원(₩)', 미국의 '달러(\$)', 유럽의 '유로(€)', 일본의 '엔(¥)' 등을 꺼내 보여주었다.

"나라가 달라지면 돈의 이름도 달라, 마치 국어가 한국어, 영어, 일본어처럼 다 다른 것처럼."

"그리고 돈은 숫자 뒤에 '원'을 붙여서 읽어. 예를 들어, 1,000은 천 원, 10,000은 만 원!"

아이들은 진짜 외국 지폐를 만지며 눈을 반짝였다.

우리는 100원짜리 동전 10개를 모아 1,000원을 만들고, 1,000원 지폐

10장을 모아 10,000원을 만들어 보았다.

돈을 직접 만지고, 세어보고, 묶어보며 수량과 단위를 몸으로 익혀갔다.

그날 저녁엔 '동물 병원 역할놀이'를 했다.

그런데 계산할 때 장난감 핸드폰을 꺼내는 아이들. "엄마도 맨날 핸드폰으로 계산하잖아~"

아, 순간 깨달았다.

아이들은 어른의 거울이라는 말이 괜히 있는 게 아니구나.

내 작은 행동 하나하나가 아이들에게는 '배움'이었다.

며칠 뒤, 편의점에 다녀오는 길. 혼자 계산하고 나오는 또래 아이를 보곤 "엄마, 저 친구 봤어? 혼자 계산했어! 진짜 대단하지 않아?"

아이의 눈엔 감탄이 가득했다.

"너희도 이제 배우고 있으니까 곧 그렇게 할 수 있어."

웃으며 말해주니 고개를 끄덕이며 기분이 좋아 보였다.

밤이 되자, 아이가 침대에서 조용히 묻는다.

"엄마, 나도 조금 있으면 혼자 편의점 갈 수 있어?"

"그럼! 당연하지."

"그럼 지갑도 사야겠네. 엄마, 나 지갑 사주세요."

그리고는 "사랑해요, 안녕히 주무세요." 곧 잠이 들었다.

작은 기프트카드 하나에서 시작된 하루에, 아이는 숫자를 읽고, 돈을 세고, 다른 나라 돈까지 궁금해하며 자신만의 '경제 세계'를 향해 발걸음을 내디뎠다.

"엄마, 나도 곧 할 수 있어요!"

그 믿음 속에서 아이는 조금씩 '스스로'의 세계로 나아간다.

# 가끔은 쉬어가기

2025년 6월 4일 수요일
반짝이는 햇살에 개구리가 깜짝 놀라 물속으로 풍덩

며칠 전 다이소에서 샀던 물건이 마음에 들지 않는다며 온이가 바꾸고 싶다고 했다.

"그러자~" 하고 외출 뒤 집으로 돌아와 아이들에게 각자 얼마가 남았는지 물었다.

윤이는

"5,000원에서 3,000원 썼으니까 2,000원 남았어."

온이는

"나는 5,000원 다 썼지만 물건을 바꿨거든.

2,000원짜리 물건 두 개 샀으니까 1,000원이 남았어."

며칠 전엔 거스름돈 계산이 어렵다며 모르겠다고 하던 아이들이 오늘든 손가락을 사용해 직접 계산을 하고 나에게도 확인까지 시켜준다.

그 모습에 절로 미소가 지어졌고, 아이들도 기특했고, 나 스스로에게 '잘하고 있어' 칭찬의 말을 마음속으로 속삭였다.

그런데 내가 기세 좋게 "돈의 단위 다시 읽어볼까?" 하고 달하자

아이들이 바닥에 철퍼덕 엎드리며 말했다.

"엄마, 오늘은 그거 안 하면 안 돼? 우리하기 싫어~" 또 내 마음이 앞섰두나 싶었다.

"그래, 그럼 오늘은 뭐 하고 싶어?"

"그림 그리자! 엄마랑 같이 그리고 싶어. 자, 종이!"

"너희끼리 그리면 안 돼?"

"안돼, 엄마도 같이 그려야 해. 같이 그려야 더 재미있단 말이야!"

그렇지. 아이들에게 놀이의 본질은 '같이 하는 것'이다.

엄마와 함께라면 뭐든 놀이가 된다.

우리 집은 9시가 잠자리 시간이어서

"9시까지 40분 남았으니까 그 시간 동안만 그리자."

그리하여 각자 종이를 펴고, 원하는 그림을 그렸다.

나는 뭘 그릴까 하다가 좋아하는 수국을 그리고 옆에 오늘 아이들과 함께한 이 순간을 짧게 일기처럼 써보았다.

가만히 아이들의 모습에 집중하고 있으려니

"엄마, 다 했어!"

"엄마 그림 진짜 잘 그렸다~ 와~" 칭찬의 말이 쏟아졌다.

글씨 옆에 적은 글귀를 보고 묻는다.

"엄마, 이건 뭐야?"

"오늘 정말 행복했던 순간을 적은 거야."

아이들은 자기도 해보고 싶다며 "이거, 우리 일기 같은 거네?"

하더니 자신만의 글과 그림을 표현했다.

즉석에서 짧은 동시를 지어 소리 내어 낭독하고 음을 붙여 동요처럼 불러주자, "엄마는 역시~!" 아이들이 손가락을 치켜 올리며 웃는다.

잠시 후, 온이는 완성된 글을 낭독하고, 윤이도 자기가 쓴 글을 소리 내어 낭독하고 틀린 글자를 고쳐 다시 또박또박 읽었다.

서로의 글을 돌려 읽으며 이야기를 나누다가 포근하게 잠이 들었다.

꼭 정해진 수학 개념을 다루지 않아도 괜찮다.

때론 길을 잠시 돌아 나무 그늘 아래 앉아 쉬듯, 아이들과 나누는 감정과 창의, 감성의 시간이 더 깊은 배움이 된다.

정해진 교과의 흐름보다 아이의 눈빛과 표정, "오늘은 이거 하고 싶어!"라는 말에 귀 기울이는 것이 B-로 창의 수학의 첫걸음 아닐까?

오늘, 나는 아이들과 함께 '수학 일기'를 잠시 쉬고, 그림과 글, 노래로 소통했다.

그리고 그 속에서 아이들의 마음을 읽고, 나의 방향을 되돌아보았다.

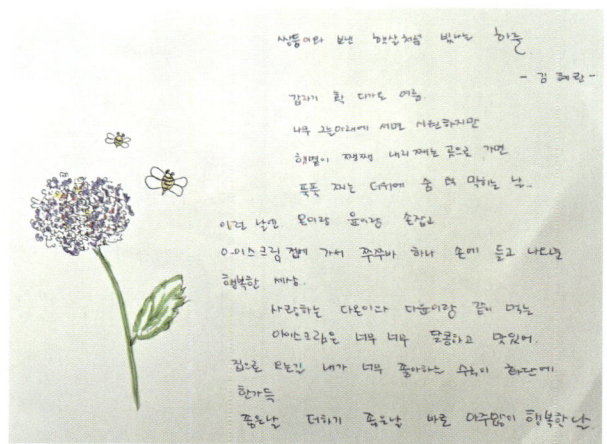

# 여행 중 떠오른 시계놀이

2025년 6월 9일 월요일
초록초록 햇살 가득한 날

가족 여행을 떠나는 날, 아이들은 들뜬 얼굴로 차에 올랐다.

그런데 출발한 지 얼마 안 돼서 아이가 물어본다.

"엄마~ 아직 멀었어? 얼마나 걸려?"

"4시간 30분쯤 걸릴 거야."

그러자 아이는 또 묻는다.

"그럼 그게 몇 분이야?"

"1시간을 분으로 바꾸면 몇분이지?" 하고 물어보았다.

"음… 몰라… 아니! 아니! 60분!"

"그럼 60×4는?" 하고 물었더니, 아이는 잠시 골똘히 생각하더니 "오래 걸리네. 그럼 나 잘래~" 하고는 금새 잠이 든다.

이 짧은 대화 속에서 나는

✔ '1시간 = 60분'

✔ 곱셈으로 시간 계산하기

✔ 시간의 흐름 느끼기

"여러 가지 수학 개념이 자연스럽게 떠올랐다."

'4시간 30분이 몇 분이야?'라며 묻는 아이의 말은 '시간이 얼마나 긴지' 궁금했던 것이다.

아이의 짧은 한마디가 나에겐 큰 생각거리가 되었고 시계를 함께 만들어 봐야겠다는 놀이의 아이디어로 이어졌다.

시침과 분침이 왜 도는지, 오전/오후로 나누어지며, 하루가 24시간이라는 걸 아이의 손으로 느끼고, 눈으로 볼 수 있게 하고 싶어졌다.

그냥 평범하게 흘러가는 대화 속에 "4시간 30분은 몇 분일까?"라는 아이의 질문 하나가 '시각'이라는 개념이 일상과 어떻게 연결될 수 있는지를 깨닫게 해주었다.

또 한번 놀이를 통한 수학은 가르치는 게 아니라 '같이 궁금해하고, 같이 풀어가는 것'이라는 걸 다시 느꼈다.

# 시간은 왜 60단위일까?

2025년 6월 23일 월요일
시원한 아이스크림이 절로 생각나는 날

하교 후 집에 들어서자마자 "엄마, 오늘 놀 시간 있어?" 하고 물어보는 아이.

"응, 30분 정도는 괜찮아."

짧은 여유가 참 소중하게 느껴지는 요즘이다.

그렇게 잠깐 놀고, 다시 학원으로 나가려던 찰나, 아이의 입에서 반짝이는 질문이 튀어나왔다.

"엄마, 시간은 왜 60초가 1분이고, 60분이 1시간이야?

다른 건 다 10단위잖아."

정확히 핵심을 짚는 질문이었다.

열 단위에 익숙한 아이의 시선에서 본 시간의 60 단위.

나는 잠깐 고민하다, 이렇게 이야기해주었다.

"옛날에는 시계가 없었거든. 그때 사람들은 태양과 달의 움직임을 보며 시간을 가늠했어.

그걸 원으로 나누어서 표시하다 보니, '360도'처럼 나누기 쉬운 숫자를 기준으로 하게 된 거야. 그래서 60이라는 수가 나온 거지."

원은 360도로 나뉘어

360은 60, 30, 12, 6 등으로 나누기 쉬운 수

60초 = 1분, 60분 = 1시간

시간은 원을 기준으로 도형적 사고에서 비롯되었다고 설명해 줬지만 다온다윤은 "엄마 무슨 말인지 모르겠어. 이해가 안 돼." 하며 눈만 깜빡깜빡.

집으로 돌아온 후 여행에서 생각났던 시계 놀이를 해보기로 했다.

종이를 꺼내 12칸으로 나누고, 각 칸 안에 5개의 작은 칸이 있다는 걸 보여주며 시계판의 구조를 설명했다.

아이들과 함께 각자의 시계를 만들고, 바늘도 함께 만들어 붙여보았다.

"이건 시(시침), 이건 분(분침)."

초침은 잠시 미루고, 오늘은 시와 분까지만 다루기로 했다. 복잡한 건 차근차근, 아이의 리듬에 맞춰.

그리고 내가 시간을 말해주면 아이들이 만든 시계로 바늘을 돌려 맞추어 본다.

"3시 30분!" "9시!" "12시 15분!"

각자 만든 시계를 돌리며 놀이처럼 익히는 시간. 문득 이런 질문을 던져 봤다.

"너희만의 시간이 흘러간다면, 어떻게 흘러갔으면 좋겠어?"

아이들은 웃으며 대답한다.

"엄마랑 노는 시간이야~"

그리고는 시곗바늘을 한 바퀴 돌린다.

"또 놀고~" 한 바퀴 더 돌린다.

아이들의 시간은 엄마와 함께 노는 리듬으로 흘러간다.

시계를 처음 알려줄 땐 5분, 10분, 15분… 식으로 숫자를 하나하나 써주며 짧은 바늘, 긴 바늘이라고 반복해서 설명했었다.

그런데 내가 시계를 직접 만들어보고, 시간이라는 개념을 다시 공부하면서 느꼈다.

시간을 읽는 건 단순한 읽기 훈련이 아니라 공간과 수의 관계, 규칙성과 반복을 느끼는 일이라는 것을 그리고 이게 꽤 어렵다는 것도. 잘 알고 있음에도 설명이 쉽지 않았다.

아이들이 헷갈려 하거나 더듬는 건 당연한 일이었다.

하지만 아이들과 함께 시계를 만들고, 직접 바늘을 돌려보며 시간을 맞추는 경험을 하니 이제는 시계라는 도구와 조금은 가까워지진 않았을까?

정확히 시간을 읽지는 못하더라도 '시간이 흐른다'는 개념은 몸으로 느끼고 있었으니까.

나는 우리 둥이들이 시간에 끌려가는 삶이 아니라, 자기 리듬에 따라 시간을 흘려보내는 사람이 되기를 기도한다.

엄마와 보낸 시간이 너무 좋았다며 "또 놀고 싶다"고 말하는 아이들.

매일매일 함께 보낸 시간이 아이들 마음속엔 소중한 기억으로, 따뜻한 시간으로 차곡차곡 쌓이고 있다는 걸 느꼈다.

오늘은 '시간 공부'가 아닌 '시간 나눔'의 날로 기억될 것 같다.

# 하루 계획표 만들기

2025년 6월 30일 월요일
장맛비 후 햇볕이 뜨거운 날

오늘은 아이들이 생각하는 자기만의 시계는 어떤 모습일지?
그리고 나의 시계도 별 탈 없이 잘 흘려 가는지 생각해 보는 시간이 되길
바라며 시간표를 만들기로 했다.

이제 곧 쌍둥이들이 처음 맞이하는 여름방학이다.
처음인 것만큼 보람되게 보냈으면 하는 마음에 하루 시간표를 짜며 둥이
들은 각자의 하루을 어떻게 보내고 싶은지 시간표를 만들어 보았다.

원을 그리는 것부터 재미있는 아이들이다.
컴퍼스, 종이컴퍼스, 냄비뚜껑을 사용해서 여러 가지 방법으로 원을 그
리고 자를 이용해 칸을 나누자고 하니 아이들은 시계에 12시까지 있는 것
도 있고 24로 적힌 것도 있는데 어떻게 써야 하는지 몇 칸을 해야 하는지
모르겠다고 한다.
우리는 하루의 일과표를 한눈에 볼 수 있게 만들 거니까 24칸으로 나누
자고 했다.
"이제 너희가 나눈 칸 옆에 숫자를 적어보자."
시간에 맞추어 할 일을 적어가며 시간표를 완성했다.

아이들이 일어나는 시간, 등고시간, 하교시간, 학원시간, 운동시간, 자유
시간, 잠자기 시간까지 하나하나 생각하며 채워 넣었다.
일과표 작업을 마무리하고 우리 각자가 세운 계획대로 잘 지켜보자며 파
이팅 하며 마무리 했다.

요즘 나는 아이들에게 "해라" 하기보다 "하자"라고 말을 하려고 노력한다. "엄마랑 같이 하자." 그렇게 하다 보니 우리 아이들은 "왜 나만해"에서 "그래 같이하자"로 조금씩 바꿨다.

작은 것 하나부터 같이 느끼고 배우는 경험이 아이들에게 자연스럽게 기억에 남아 좋은 습관으로 이어지질 바라본다.

# 맨홀 뚜껑은 왜 동그랗게 생겼을까?

2025년 7월 7일 월요일
폭폭 찌는 찜통더위

찜통더위 속, 외출을 마치고 집으로 돌아오는 길.

도로 한쪽에서 하수구 덮개에 색을 입히는 작업자를 보고는 물어본다.

"엄마, 저분들 뭐 하시는 거야?"

"하수구 덮개에 색칠하고 계시는 거야."

설명을 듣던 도중, 다온이가 톡 던진 질문.

"근데 엄마, 맨홀은 왜 다 동그랗게 생겼어?"

요즘 우리 둥이들이 궁금해 하는 것들은 정말 내 머리속까지 반짝이게 만드는 질문이다.

사실 우리 어른들도 가끔 헷갈리는 질문 아닌가.

아빠가 먼저 대답했다.

"사람이 빠지지 않게 하려고 그래."

그러자 아이는 다시 물었다.

"그럼 네모로 만들면 안 돼? 빠지지 않게 하면 되잖아."

맞다. 네모는 왜 안 될까? 내 머릿속엔 바로 수학적 원리가 스쳐 지나간다. 차 안에서 아이들에게 설명했다.

"원은, 어디를 재든 '지름'이 똑같지. 그래서 뚜껑이 어느 방향으로 세워져도 구멍보다 크기만 하면 절대로 빠지지 않아."

"근데 네모는 어때? 가로 세로는 같지만 대각선은 더 길잖아.

뚜껑이 대각선 방향으로 세워지면 구멍보다 작아져서 '쏙' 빠질 수도 있어.

그래서 원이 가장 안전한 모양이고, 맨홀뚜껑이 동그란 이유야.”

아이들은 고개를 끄덕이지만, 눈빛은 여전히 '응?'

집에 도착하자마자 원기둥, 사각기둥 모양의 통을 꺼내고, 종이로 만든 뚜껑을 함께 실험 해 보기로 했다.

직접 자로 가로, 세로, 대각선, 지름 하나하나 재 보게 했다.

그리고 물었다.

“어떤 뚜껑이 더 안전할까?”

아이들은 직접 올려보고, 세워보고, 흔들어도 보고, 뚜껑을 떨어뜨려 보기도 하며 스스로 답을 찾아갔다.

말로 들을 땐 '알쏭달쏭', 손으로 해보니 '알았다!'로 변하는 순간.

요즘 나는 길에서, 물건에서, 아이들의 말 한마디에서 수학을 발견하곤
한다.

그때마다 마음속에 떠오르는 말이 있다.

"이걸 수학 놀이로 어떻게 연결할 수 있을까?"

예전 같았으면 그냥 지나쳤을 장면인데 이젠 그게 수학의 재료처럼 보이
고, '어떻게 놀이로 바꿔볼까?'가 자동으로 떠오른다.

이게 바로 내가 변하고 있다는 증거 아닐까.

오늘도 아이들의 질문이 우리의 일상을 수학으로 바꿔 주었고, 나는 그
속에서 또 한 걸음 자란 나를 마주한다.

"엄마, 맨홀은 왜 동그랗게 생겼어?" 이 질문 하나가

오늘 하루를 아주 멋진 수학 수업으로 만들어줬다.

오늘도 스스로에게도 작은 칭찬 한 마디 속삭이며 마무리한다.

# 달력에 가족행사는 제가 체크할게요!!

2025년 7월 8일 화요일
짝을 찾기 위해 매미가 울기 시작한 날

요즘 아이들과 나는 '시간'으로 장난을 자주 친다.

놀이터에서 놀다 "1분 남았어~" 하면 "아~ 1분은 60분이죠!" 하며 더 놀려는 아이들.

그 말이 귀엽고 기특하다.

시간의 개념이 조금씩 자리를 잡아가고 있기에 이런 말장난도 가능한 거겠지.

"엄마, 우리 방학해? 언제야?"

"2주 뒤면 방학이야."

"2주면 며칠이지?"

놓칠 수 없는 배움의 찬스! 나는 얼른 달력을 꺼내와 함께 들여다보았다.

"달력은 한 해를 12달로 나눠 놓은 거고, 그걸 월(月)이라고 해, 각 달은 다시 30일이나 31일로 나뉘어 있어 그리고 일(日)이라고 읽어. 한 줄엔 7일이 들어가 있고 월, 화, 수, 목, 금, 토, 일 순으로 반복해."

달력을 읽는 방법, 요일과 날짜를 순차적으로 알려주었다.

그리고 "지금은 2025년 7월 8일, 화요일이야. 다음 화요일은 며칠일까?" 물었다.

아이들은 헷갈려 눈만 깜빡이다.

같이 손을 집어가며 15일을 집었다.

그리고 8과 15의 차를 물었다.

아이들은 "7"이라고 대답한다.

웃으며 내가 "맞아, 월화수목금토일 7일이야"라며 한 번 더 알려주었다.

그렇게 달력의 보던 온이가 "엄마, 어제 칠월 칠석이었는데 비가 안 왔어."하며 물어본다.

그래서 나는 큰 글자 밑에 쓰여진 작은 숫자를 알려주며 우리나라 고유의 절기와 옛날 달력 이야기도 자연스럽게 이어졌다.

절기 이름, 음력 날짜가 적혀 있는 달력은 그저 하루하루를 세는 도구가 아니라 옛사람들의 지혜가 담긴 규칙의 판이었다.

잠시후 온이와 윤이는 집안 행사들이 적힌 날짜들을 보며 "우리 생일도 동그라미 쳐야지!" 하고 크게 동그라미를 그리고는 기분 좋게 웃었다.

다시 방학을 생각하며 내가 물었다.

"그럼 방학이 며칠 남았을까?"

아이들은 "10일만 가면 되네! 아니, 토요일, 일요일은 쉬는 날이니까 빼야지!"

서로 셈해 보더니 "7일만 가면 된다!" 하고 같이 한목소리로 외친다.

마무리로 달력에서 보이는 월과 요일의 규칙을 한 번 더 짚어주는데 윤이가 툭 내뱉는다.

"엄마, 또 수학 로봇처럼 말하잖아~"

아차, 나도 모르게 '이건 꼭 알아야 해!' 싶은 마음에 설명이 길어질 때가 있다.

하지만 이렇게 주고받는 자연스러운 대화 속에서 우리의 생활이 배움이 되고, 우리의 언어가 수학이 되는 게 아닐까.

아이들과 함께 달력을 넘기며 우리 가족의 시간도 한 장 한 장 함께 채워지고 있다.

# '맨홀 뚜껑이 동그란 이유'

다윤 2025년 7월 7일 맑음
다온 2025년 7월 15일 맑음

이번 주엔 "맨홀 뚜껑은 왜 동그랗지?"라는 질문으로 수학 놀이를 시작했다.

종이로 동그라미, 네모, 세모 모양을 오려 직접 실험해 보며 뚜껑을 끼워보고 빼보았다.

"왜 네모 뚜껑은 빠질 수 있는데, 동그란 뚜껑은 안 빠질까?"

단순한 놀이처럼 보이지만, 아이들의 호기심을 자극하기엔 더없이 좋은 질문이었다.

놀랍게도 놀이가 끝나자마자 다윤이는 바로 일기를 써 내려갔다.
짧은 문장 안에 관찰한 사실과 느낀 점을 또박또박 담아냈다.
반면, 다온이는 아무렇지 않게 지나가는 듯 보였다.

일주일 뒤, 아무 말 없이 조용히 일기를 써 놓았다.
내용을 읽어보니 맨홀 뚜껑의 원리를 정확히 이해하고 있었다.

"맨홀은 동그래서 안 빠져요. 다른 모양은 기울면 빠져요."
매번 놀이 후 일기를 쓰는 건 아니지만, 나는 꼭 한 가지를 묻는다.

"오늘 엄마랑 논 시간, 어땠어?"
같은 놀이도 아이마다 느끼는 포인트는 늘 달랐고, 대답도 모두 달랐다.

그런데 이번만큼은 다윤이도, 다온이도 같은 핵심을 정확히 짚어냈다.
글의 분위기와 문장은 달랐지만, 그 안엔 같은 개념이 담겨 있었다.
나는 그 일기를 읽으며 알게 되었다.

지금 내가 아이들에게 전하고 싶은 것, 그리고 아이들이 그것을 어떻게
받아들이고 있는지를.
놀이는 수학이 되었고, 수학은 아이들의 생각으로 기억되었고
그 생각은 글이 되어 남았다.

이제 나는 알 수 있을 거 같다.
아이들에게 수학을 가르친다는 건 정답을 주는 일이 아니라, 스스로 질
문하게 하고, 직접 느끼게 하는 일이라는 걸.

# '공기놀이로 묶어 세기와 구구단'

다온 2025년 4월 15일 흐림
다윤 2025년 7월 15일 흐림

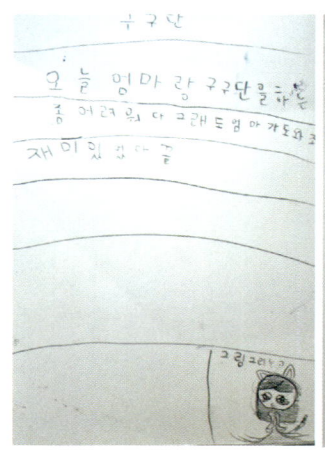 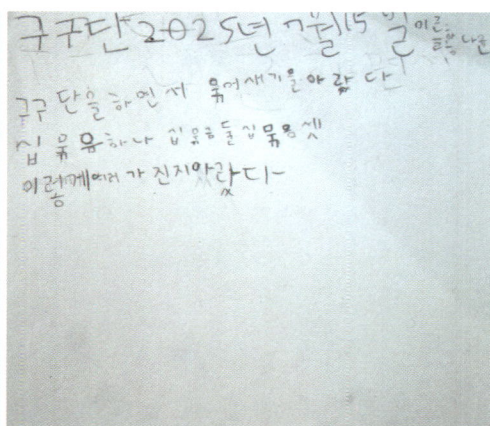

## 공기놀이 속 구구단

오늘은 다온이, 다윤이와 함께 공기놀이를 하며 묶어 세기 놀이를 했다.

처음엔 그저 평범한 공기놀이처럼 시작했지만, 그 안에 살짝 수학을 넣어보았다.

"공기를 한 번에 3개씩 잡으면 몇 개가 될까?"

"5개씩 잡으면 몇 번 해야 20개가 될까?"

이야기를 던지자, 아이들은 자연스럽게 3씩 세기, 5씩 세기를 하며 놀기 시작했다.

나는 그때 '이게 바로 구구단이야'라고 슬쩍 이야기해 주었다.

하지만 개념을 강요하진 않았다. 그저 스쳐가듯, 흘려 보이게.

놀이가 끝난 뒤엔 구구단 판에 체스 자석을 올려보며 함께 정리도 해봤다.

그리고 각자 느낀 걸 일기로 써보았는데…

😊 **다온이는**

"구구단은 헷갈려요. 너무 많아서 정신이 없어요. 그래도 엄마랑 하니까 재미 있어요."

😊 **다윤이는**

"3개씩 잡으면 숫자가 점점 커지는 게 신기했어요!"

같은 놀이였지만, 두 아이의 느낌은 참 달랐다.
그래서 나는 구구단을 억지로 외우게 하기보다, '놀다 보니 자연스럽게 따라오는 수'로 느끼게 해주고 싶었다.

그날 저녁, 둘은 다시 공기놀이를 꺼내 들었다.
자기들끼리 "몇 개씩 잡으면 몇 개야?" 하며, 계속 묶어 세기를 하며 놀았다.
그 모습을 보며 나는 생각했다.

오늘은 수학이 아니라 '놀이'였구나. 그래서 더 깊이 남았구나.
엄마와 함께 놀면서 수학을 배운다는 걸 아이들이 조금이라도 느껴줬다 면, 그걸로 오늘은 충분했다.

이런 시간을 가질 수 있어서 정말 다행이다.

# 수학일기를 마무리하며 '걸어온 나의 길'

2025년 7월 14일 월요일
비 온 뒤 한풀 꺾인 여름날

2024년 11월 13일, 초등수학지도사 과정을 시작으로 나의 수학 여정이 시작되었습니다.

무작정 아이만을 생각하며 시작한 수학일기였지만, 어느새 나 자신을 바라보는 시선도 함께하게 되었습니다.

수학일기를 쓰는 순간순간들이 순탄하진 않았습니다. 멈춰 서고 싶었던 날도, 자신이 없던 날도 있었지요.

하지만 하루하루 기록하며 244일을 걸어온 지금, 나는 분명 앞으로 나아가고 있다는 걸 느낍니다.

'나는 무엇을 좋아할까? 잘하는 건 뭘까?'

이 질문을 통해 스스로를 조금씩 알아갔고, 나만의 색을 찾아가는 중입니다.

수학일기의 여정은 지금부터 시작입니다.

이 길을 함께 걸어준 다온이와 다윤이, 규봉 씨, 그리고 나의 엄마.

당신들 덕분에 오늘의 내가 있습니다. 진심으로 고맙습니다.

속도보다 방향을 믿는 부모와 선생님들의 수학 성장노트

# 수학이랑
# 친구하기

서민영

# 프롤로그

**"수학은, 아이와 나를 더 가까이 이어준 언어였습니다."**

저는 원래 수학을 좋아하지 않았습니다.

학생 시절에도, 엄마가 된 이후에도 수학은 늘 어렵고, 멀고, 낯선 존재였습니다.
그런 제가 지금은 부산의 모 초등학교 방과 후 수업과 학습센터에서 수학을 가르치며, 아이들의 수학적 사고력을 길러주고 있습니다.

믿기 어려울지도 모르지만, 이것이 제 이야기입니다.

처음부터 수학 교육자가 되겠다는 계획은 없었습니다.

아이를 키우며 하루하루를 지켜보는 동안, "내가 이렇게 수학을 어렵게 느꼈는데, 우리 아이는 어떻게 받아들이고 있을까?"
이 질문이 제 삶의 방향을 바꾸었습니다.

저는 교과서와 문제집보다 먼저, 놀이와 대화, 관찰과 탐구로 수학을 시작했습니다.
색종이 한 장, 주사위 하나, 작은 카드 몇 장이 수업 도구였고, 그 속에서 아이는 수를 세고, 규칙을 찾고, 도형의 성질을 느꼈습니다.

수학을 잘 가르치기보다, 수학을 매개로 아이와 더 깊이 연결되고 싶었습니다.

수업을 하며 깨달은 것은, 많은 아이들이 수학에서 '틀릴까 봐' 먼저 두려움을 느낀다는 사실입니다.

정답을 맞히는 것보다 실수를 피하려는 태도는 어릴 적 제 모습과도 닮아 있었습니다.

그래서 저는 문제풀이 중심이 아니라, '경험 – 표현 – 정리' 라는 과정을 통해 개념을 체계화시키는 방식을 선택했습니다.
종이를 자르고 붙이며 도형의 속성을 탐구하고, 조작 도구로 수를 나누고 묶으며 수 감각을 기르고, 전략 게임을 하며 자연스럽게 연산 원리를 이해하는 수업들.

이런 활동들은 단순히 재미로 끝나지 않고, 아이들 스스로 '왜 이런 결과가 나왔는지' 설명하게 만들었습니다.

그 과정이 곧 사고력이며, 개념 이해이며, 실력의 뿌리였습니다.
이 경험들을 기록으로 남기고 싶어 시작한 것이 바로 '수학일기'입니다.

수학 일기는 단순한 활동 보고서가 아닙니다.

수업에서 다룬 개념을 아이들의 언어로 다시 풀어내고, 그날의 발견과 깨달음을 구체적인 문장으로 남기는 과정입니다.

짧은 글이지만, 그 속에서 아이들은 자신의 학습 과정을 메타인지하며, 저 역시 수업을 다시 분석하고 더 나은 방법을 설계하게 됩니다.

이 책은 수학을 잘하지 못했던 한 엄마가, 놀이와 탐구를 통해 아이와 함께 수학을 새롭게 시작하고, 결국 초등학교 방과 후 수업과 학습센터에서 수학을 가르치는 교육자가 되기까지의 기록입니다.

그리고 수학이 단순한 정답 맞히기가 아니라, 아이와 마음을 잇는 대화의 언어가 될 수 있다는 믿음을 전하고 싶습니다.

# 모으고 가르며 쌓는 첫 수 감각, '수학의 기초는 여기서부터'

2025년 6월 4일 수요일
뜨겁게 화창한 날

오늘은 그 어떤 수업보다 '첫 단추를 잘 끼우는 것'이 중요하게 느껴진 날이었다.

아이들에게 수학은 아직 낯설고 조심스러운 영역일 수도 있다.

그래서 나는 문제풀이보다 수 감각을 자연스럽게 익히는 활동으로 시작하고 싶었다.

오늘 수업은 1, 2학년이 함께한 혼합반이었다.

학년이 다른 아이들이 함께하는 수업에서는 무엇보다 수준차를 자연스럽게 파악하는 것이 중요하다.

내가 준비한 첫 활동은 바로 모양사탕을 활용한 '모으기와 가르기' 조작 활동.

'모으기와 가르기'는 덧셈, 뺄셈, 곱셈, 나눗셈이라는 모든 연산의 기초 개념이자 출발점이다.

예를 들어, 10을 6과 4로 나누는 과정은

"10 = 6 + 4"라는 덧셈식을 구성하는 기본 구조이고, 그 반대 개념은 뺄셈으로 이어진다.

이러한 '부분과 전체'에 대한 개념은 나중에 곱셈·나눗셈, 분수, 비례식 같은 고학년 수학의 기반이 된다.

나는 아이들에게 모양사탕 10개씩을 나눠주며 말을 꺼냈다.

"얘들아, 이 사탕 10개를 두 명이 똑같이 나누어 먹으려면 몇 개씩 먹어야 할까?"

조용하던 교실에서 작은 목소리가 들렸다.

"5개, 5개요…."

한 1학년 아이가 조심스럽게 말한다.

"우와~ 맞았어! 너 정말 잘했어!"

내가 환하게 웃으며 말하자 아이는 수줍게 웃으며 사탕을 다시 정리한다.

그러자 옆에 앉은 친구도 손을 들며 이야기한다.

"선생님, 6이랑 4도 돼요!"

"그치! 똑같이 안 나눠도 괜찮아. 두 묶음으로만 나누면 돼."

아이들은 이내 사탕을 이리저리 나눠보며 다양한 조합을 말하기 시작했다.

"7이랑 3도 되고요, 2랑 8도 돼요!"

"선생님, 0이랑 10도 되는 거 맞죠?"

아이들 손은 바쁘게 움직였고, 머릿속은 점점 복잡해지지만 재미있어 보였다.

어느새 교실은 작은 수학 연구소처럼 변해 있었다.

특히 인상 깊었던 순간은, 2학년 한 아이가 이렇게 말했을 때였다.

"선생님, 5랑 5는 가운데에서 똑같이 나눌 수 있고, 6이랑 4는 다르게 나눈 거예요. 이건 느낌이 달라요."

그 말에 나는 고개를 끄덕였다.

이 아이는 이미 '같은 수로 나누는 것'과 '다르게 나누는 것'의 차이를 감각적으로 느끼고 있었다.

이런 말은 절대 문제집에서는 들을 수 없는 말이다.

　이번 수업은 단순한 놀이 같지만, 아이들에게는 '부분과 전체의 관계'라는 핵심 개념을 체득할 수 있는 기회였다.

　특히 수 조작 경험은 숫자 간의 관계를 직관적으로 이해하게 만들고, 나중에 추상적인 수식이나 문제를 접할 때도 훨씬 더 유연하게 사고할 수 있는 토대를 마련해준다.

　또한 이 활동은 내가 아이들의 수준을 세심히 관찰할 수 있는 시간이기도 했다.

　누가 손가락을 계속 세고 있고, 누가 이미 머릿속에 수 조합이 그려져 있는지, 조용히 지켜보는 것만으로도 아이들의 수학 습관과 사고력의 단서를 발견할 수 있었다.

　처음 배우는 수학, 그 시작은 아이들에게 친숙하고 따뜻한 경험이어야 한다.

　정형화된 문제보다는 오감으로 느끼고, 손으로 만지며 익힌 수학.

　오늘처럼 아이들이 웃고 즐기며 수학을 배우는 순간들이 쌓이면

　언젠가는 "수학이 어렵다"는 말보다 "수학이 재밌다"는 말이 더 익숙하지지 않을까?

# 연산, 게임이 되다.

2025년 7월 4일 금요일
찌는 듯한 폭염

수학 수업을 준비할 때마다 나는 늘 생각한다.

"아이들에게 수학이란 무엇일까?"

어른들 눈엔 '연산은 기초'라는 너무 당연한 말이지만, 아이들에게는 숫자를 다루는 행위 자체가 어렵고 지루할 수 있다.

그래서 오늘 수업은 그 연산을 '게임처럼' 느끼게 해주고 싶었다.

연산은 수학의 기초 중의 기초다.

덧셈, 뺄셈, 곱셈, 나눗셈이라는 사칙 연산은 수학 전 영역의 출발점이다.

하지만 아이들에게 연산은 '공부'로 다가가기 쉽다.

속도와 정확도를 요구 받고, 실수하면 지적 받는 경험이 반복되면

자신감은 자연스레 떨어지고 흥미도 잃기 마련이다.

그래서 나는 오늘 수업에서 연산이 어렵다는 생각보다, 연산이 재미있다는 경험을 먼저 심어주는 것이 중요하다고 판단했고, 〈사고력 수학 보드게임 리틀빈〉- 2단계를 활용한 수업을 준비했다. 리틀빈 보드게임은 총 3단계로 구성되어 있는데, 오늘은 2~3학년 아이들의 수준에 맞춰 2단계(곱셈과 나눗셈 포함) 게임을 진행했다.

놀이 속에서 수학을 체험하게 하자는 목적이었다.

게임의 규칙은 간단하다.

원카드처럼 카드에 색깔과 모양이 있고, 자신의 차례가 되면 카드에 적힌 연산 문제를 풀어야만 해당 카드를 낼 수 있다.

카드를 가장 먼저 다 없애는 사람이 승리하는 구조다.

수업이 시작되자 아이들은 반신반의했다.

"선생님, 수학게임이 진짜 재밌어요?"

"응! 한 번 해보면 알게 될 거야~ 수학이 진짜 게임처럼 느껴질걸?"

게임이 시작되고 교실 분위기는 금세 달라졌다.

각자 손에 카드를 쥐고, 색깔과 숫자를 비교하며 차례를 기다렸다.

"초록색 동그라미! 근데 문제 뭐예요?"

"3 곱하기 6… 아! 18!"

3학년 아이가 빠르게 문제를 푼다.

그 옆에 있던 2학년 아이는 살짝 멈칫하며 곱셈 문제를 보고 종이에 연필로 조용히 곱셈표를 써본다.

"2 곱하기 4… 하나, 둘, 셋, 넷… 여덟!"

나눗셈 문제가 나오자 더 조용해진다.

"9 나누기 3?"

나는 아이에게 이렇게 말했다.

"9를 3개씩 나누면 한 묶음에 몇 개씩 들어가게 될까?"

"음… 3이요! 나 3개씩 3묶음 만들었어요!"

아이의 목소리가 점점 자신감을 얻는다.

게임은 단순한 카드 배틀처럼 보이지만, 실제로는 아이들의 머릿속에서 수많은 연산이 활발하게 움직이고 있다.

특히 이 게임의 가치는 아이들이 서로 도우며 문제를 해결했다는 점이다.

"너는 뺄셈 잘하잖아, 이번엔 내가 도와줄게!"

"이건 곱셈이야, 너 해봐~"

경쟁보다 협력이 우선되는 수학 수업.

아이들이 '같이 해보자'며 머리를 맞대고 고민하는 그 모습이 가장 이뻐 보였다.

수업이 끝나고 한 아이가 다가와 말했다.

"선생님, 우리 내일도 이 게임 또 해요! 수학 진짜 재밌어요!"

그 말 한마디에 오늘의 모든 고민과 준비가 보람으로 바뀌었다.

나는 오늘 수업을 통해 다시 한 번 확신했다.

연산은 반복 훈련이 아니라, 이해하고 느끼고 경험할 때 진짜 자기 것이 된다.

그리고 그 출발점이 '즐거움'이라면, 수학의 문은 더 쉽게 열린다.

오늘의 수업은, 수학의 기본기를 다지면서도 '배움의 즐거움'을 심어준 하루였다.

틀에 박힌 연산 학습이 아닌, 웃고 응원하며 함께 성장하는 시간.

이게 바로 내가 계속 하고 싶은 수업의 모습이다.

# 색종이와 달력에서 피어난 칠교 이야기

2025년 7월 20일 금요일 비
이른 장마가 시작되나 보다

아이들은 일주일에 한 번 있는 수학 조작활동 시간을 가장 좋아한다.
오늘은 그 날이기에, 교실 안 공기는 평소보다 더 설렘이 가득했다.
"오늘은 어떤 활동해요?"
아이가 먼저 묻는다.
내가 가방에서 꺼낸 것은 색종이와 날짜 지난 달력.
아이들은 기대에 찬 눈빛으로 나를 바라봤다.
"오늘은 이걸로 아주 특별한 수학 놀이를 할 거예요. 이름하여, 칠교놀이!"

달력 한 장, 색종이 한 장이 가위질을 거쳐 7개의 조각으로 나뉘었다.
큰 삼각형 2개, 중간 삼각형 1개, 작은 삼각형 2개, 정사각형 1개, 평행
사변형 1개.
칠교를 처음 보는 아이들이 예상외로 반 이상이어서, 조각을 만드는 데
시간이 조금 더 걸렸다.
하지만 그마저도 아이들은 즐겁게 받아들였다.
가위질에 집중하며 조각이 하나씩 완성될 때마다 "우와!", "이제 몇 개 남
았어요?"라는 목소리가 곳곳에서 들렸다.
스스로 만든 칠교판은 아이들에게 세상에 하나뿐인 작품이었다.
칠교를 모두 완성한 후, 각 조각을 하나씩 관찰했다.
삼각형은 크기에 따라 변의 길이가 어떻게 다른지 자로 직접 재어 보았다.
큰 삼각형의 빗변이 작은 삼각형의 몇 배인지 비교하면서 자연스럽게 비
율 이야기가 나왔다.

정사각형은 네 변의 길이가 모두 같고, 네 각이 직각이라는 점을 다시 확인했다.

평행사변형은 아이들이 가장 흥미로워한 도형이었다.

"이거 뒤집으면 모양이 달라져요!"

조각을 돌리고 뒤집으며 평행과 대칭, 회전의 개념을 손으로 느끼는 모습이 참 인상적이었다.

교과서 속 그림으로만 보던 도형이, 아이들의 손끝에서 생생하게 살아 움직이고 있었다.

첫 활동은 도안 맞추기였다.

토끼, 집, 배, 사람 모양 도안을 보여주고, 7개의 조각을 모두 사용해 완성하게 했다.

어떤 아이는 조각의 방향을 잘못 놓아 다시 처음부터 시작했지만, 끝까지 포기하지 않았다.

두 번째 활동은 하브루타 방식의 협동 게임.

한 명은 설명하고, 다른 한 명은 손으로 조각을 놓았다.

"작은 삼각형을 왼쪽 아래에 두세요."

"아니야, 방향을 반대로 돌려야 해요."

설명하는 아이도, 듣는 아이도 도형의 위치와 방향을 정확히 표현하려고 애썼다.

마지막 활동은 '누가 더 빨리 완성하나' 스피드 게임.

게임 시작과 동시에 교실은 긴장감으로 가득 찼다.

"됐다!" 하고 외치는 목소리, "아직 한 조각이 남았어!" 하며 안타까워하는 탄식, "이겼다!" 하고 환호하는 웃음소리가 번갈아 울려 퍼졌다.

특히 한 아이는 평행사변형 방향을 계속 바꿔보다가 마지막 1초를 남기고 완성해, 모두의 박수를 받았다.

### 놀이 속에서 자라는 수학

오늘의 칠교놀이는 단순히 맞추기 놀이가 아니었다.

아이들은 직접 만든 조각을 움직이며 도형의 성질과 관계, 대칭과 회전, 비율과 합동을 몸으로 익혔다.

친구와 함께 설명하고 듣는 과정 속에서 수학적 어휘력과 표현력도 자라났다.

색종이와 달력이라는 평범한 재료가, 아이들에게는 수학이 살아 움직이는 무대가 되었다.

수업이 끝나갈 무렵, 아이들이 말했다.

"선생님, 다음엔 더 어려운 모양 해요!"

아마 오늘 만든 칠교판은 아이들 책상 위에서 오랫동안 놀아줄 친구가 될 것이다.

그리고 오늘의 경험은 아이들 마음속에 '수학은 재밌다'는 씨앗으로 남아 자랄 것이다.

# 센티미터? 미터? 밀리미터? 오늘은 길이 탐험대!

2025년 5월 21일 수요일
짙은 안개와 굵은 비

오늘 수학 수업의 주제는 바로 "길이재기"!

책상에 줄자, 자, 그리고 커다란 칠판이 준비되어 있었고, 나는 아이들에게 이렇게 말했다.

"오늘은 숫자가 아니라, 너희 몸과 교실 안 모든 것들이 수학 교과서가 될 거야."

아이들의 눈이 반짝이더니

"우와~ 오늘은 문제 안 풀어요?"

"오늘은 문제는 문제집을 푸는 게 아니라 너희가 직접 찾아볼 거야.

우리의 손, 발, 키, 책상, 의자, 벽, 창문까지!"

먼저 칠판에 mm, cm, m 세 가지 단위를 쓰고

단위 사이의 관계를 설명해줬어.

"얘들아, 10mm는 몇 cm일까?"

"1cm요!"

"맞아~ 그럼 100cm는 몇 m?"

"1미터요!!"

판서하면서 직접 단위별 수직선도 그리고 100칸짜리 눈금도 같이 만들어봤다.

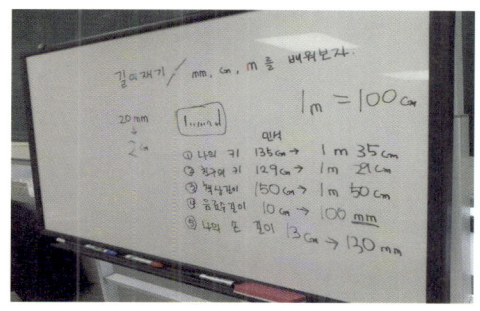

설명이 끝나자 줄자와 자를 나눠주고

"이제 진짜 수학탐험을 시작해보자!" 하고 외쳤다.

아이들은 기다렸다는 듯 교실을 이리저리 뛰어다녔다.

"선생님, 제 손길이는 13cm예요!

그럼 이걸 밀리미터로 바꾸면 130mm죠?"

"정확해! 1cm가 10mm니까 10 곱하면 돼!"

"선생님, 이 책상 길이는 92cm인데, 1m 92cm는 아니죠?"

"좋은 질문인데? 1m는 100cm니까 92cm는 1m보다 조금 작아."

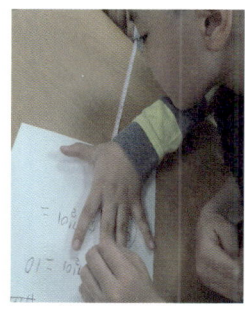

아이들은 스스로 수치를 재고, 단위를 바꾸고, 친구와 비교하면서 계산기를 쓰지 않아도 수 감각과 변환 개념을 익혀갔다.

가장 신났던 건 자기 키 재기였다.

"선생님, 저 벽에 딱 붙었어요! 여기 표시해주세요!"

"연필로 살짝 그어줄게. 자~ 누구 줄자로 재볼래?"

"제가요! …135cm 나왔어요!"

"그럼 이걸 m로 바꾸면?"

"1m 35cm요!"

"그렇지! 100cm는 1m니까 나머지는 그대로 cm로 남는 거야."

아이들은 하나를 배우면 그걸 친구에게 알려주고,

"너 키는 몇이야?"

"134cm니까, 너보다 1cm 작다!"

"나 손은 15cm야. 150mm네~"

하고, 수학을 숫자가 아닌 대화와 움직임 속에서 익히고 있었다.


길이 측정 활동은 단순히 숫자를 재는 걸 넘어서

실제 수학이 우리 생활과 어떻게 연결되는지 보여주는 수업이었다.

나는 중간중간 아이들을 멈추게 하고 같이 칠판 앞에 모아 설명도 곁들였다.

"mm는 정말 작은 단위야.

머리카락 굵기나 시계바늘 두께처럼

정밀하게 잴 때 쓰는 거야."

"그럼 cm는?"

"책 두께, 연필 길이처럼 일상에서 자주 쓰이고,"

"m는?"

"건물 높이나 운동장 길이처럼 큰 단위야."

이렇게 비교하면서

단위별 쓰임도 아이들이 생활 속에서 연결할 수 있도록 도와줬다.

한 친구는 "선생님, 줄자가 이렇게 재밌는 도구인 줄 몰랐어요."

또 다른 아이는 "저는 집에 가서 냉장고 길이도 재볼래요!"

하고 말했다.

나는 속으로 '그래, 이게 진짜 수학이지' 라고 생각했다.

오늘 수업의 가장 큰 수확은 아이들이 수학을 신체와 연결하고, 단위를 진짜로 "느꼈다"는 것. 판서 설명도 하고, 개념도 전달했지만, 무엇보다 아이들 스스로 길이를 측정하고, 바꾸고, 말하고, 웃으며 수학을 경험하는 모습이 가장 뿌듯했다.

책으로 외우는 수학이 아니라, 몸으로 배우고, 친구와 나누고, 실생활과 연결하는 수학. 그 안에 길이 단위와 변환이라는 어려운 개념도 자연스럽게 흡수됐다.

오늘 교실은 조용한 교실이 아니라 움직이는 실험실 같았다.

줄자를 든 수학자들이 교실 구석구석을 누비며 수학을 발견했던 하루!!

# 도형을 먹고 만드는 수학 시간, 오늘은 건축가!

2025년 6월 11일 수요일
벌써부터 뜨거운 햇빛 쨍쨍한 날씨

이번 센터 창의수학 수업은 조금 색다른 준비물로 시작했다.

책이나 연필 대신, 책상 위에 놓인 건 알록달록한 동그란 과자랑 길쭉한 이쑤시개! 아이들은 당황한 표정으로 나를 바라보며 물었다.

"선생님, 이걸로 뭐 해요?"

웃으며 내가 삼각형 하나를 먼저 만들어 보였더니 그제야 아이들의 눈빛이 반짝반짝!

"우와, 나도 해볼래요!" 하며 손이 바빠졌다. 오늘의 주제는 도형의 성질. 두 학년이 섞여 있는 수업이라 수학 실력도 다양한데, 만들기 활동은 그 차이를 자연스럽게 감싸줘서 참 좋다.

우리는 먼저 평면도형 만들기부터 시작했다.

삼각형, 사각형, 오각형을 만들어보며 변과 꼭짓점을 직접 세어보는 활동을 했다.

"선생님! 삼각형은 꼭짓점이 3개예요! 그리고 변도 3개죠?"

"맞아, 세 변과 세 꼭짓점! 삼각형의 기본이지."

"이건 정사각형이에요. 네 변의 길이가 다 똑같아요."

"근데 이건 직사각형이에요. 마주 보는 변만 똑같아요~"

아이들의 말 속엔 이미 수학 개념이 자연스럽게 녹아 있었다.

어떤 아이는 오각형을 만들다가

"이건 꼭짓점이 다섯 개네요! 별 모양으로 만들면 더 예쁠 것 같아요!"

하면서 창의적으로 접근하였다.

이쑤시개로 선을 직접 잇고, 과자를 꼭짓점처럼 붙이며

아이들은 도형을 눈으로 보고, 손으로 만들고, 입으로 설명했다.

개념은 책으로만 배우는 게 아니라 경험과 감각으로 배우는 것임을 다시 느꼈다.

평면도형에 익숙해진 아이들과 이번엔 입체도형 만들기에 도전했다.

먼저 내가 이쑤시개와 과자를 이용해 정육면체를 하나 만들어 보여줬다.

"얘들아, 이건 정육면체야.

면이 6개, 꼭짓점이 8개, 모서리는 12개야.

그리고 여섯 면이 모두 똑같은 정사각형으로 되어 있어."

아이들은 신기하다는 듯 눈을 반짝이며 고개를 끄덕였다.

그 다음엔 길이를 조금 달리한 이쑤시개를 꺼내 직육면체를 보여주며 말했다.

"이건 직육면체야. 마주 보는 면끼리는 크기가 같지만, 정육면체처럼 네도가 다 똑같진 않지. 책이나 상자처럼 길쭉한 모양이 바로 이 직육면체야."

아이들은 내가 만든 걸 보면서 하나하나 따라 만들기 시작했다.

"선생님, 직육면체는 모서리가 길쭉해요!"

"면이 6개니까 꼭짓점도 8개예요, 맞죠?"

조금은 이른 개념일 수 있지만, 직접 만들고 만져보면서 도형의 성질을 이야기하니 아이들도 훨씬 쉽게 이해하는 것 같았다. 우리는 이어서 사각-

뿔과 삼각뿔도 만들었다.

밑면에 꼭짓점 하나를 위로 연결하면 뿔 모양이 된다.

"이건 피라미드 같아요!"

"선생님, 삼각뿔은 옆면이 다 삼각형이에요! 신기해요!"

"근데 사각뿔은 밑면이 네모고, 옆에는 삼각형이 붙어 있네요."

아이들이 입체도형의 구성 요소인 면, 꼭짓점, 모서리를 직접 확인하고 구별하는 모습은 진짜 수학 교과서가 살아 있는 느낌이었다.

그리고 나서 누군가가 말했다.

"선생님, 정육면체는 모서리가 12개예요!

12개가 다 똑같은 길이예요. 그래서 이게 더 튼튼해요!"

그 말에 다른 친구들도 자신이 만든 도형을 들고 와서

"이건 왜 흔들려요?", "이건 안정감 있어요!" 하며

도형의 구조적 특성과 안정성까지 비교하는 모습이 놀라웠다.

그건 단순히 수학이 아니라 과학적인 사고와 연결된 사고력이기 때문이다.

그리고 정말 감동적이었던 건 며칠 뒤 한 아이가 다가와서 말하였다.

"선생님, 저 집에서 12각형 만들었어요!"

휴대폰을 꺼내 보여준 사진 속에는 엄마와 함께 만든 대칭 12각형이 정교하게 담겨 있었고, 그 친구는 환하게 웃으며 설명했다.

"과자는 다 먹었는데, 만들고 나니까 너무 뿌듯했어요!"

그 순간, 수업은 단순한 활동을 넘어서 가족과 함께하는 수학 놀이로 확장된 것이다. 가정에서도 이어진 수학 수업이라니, 교사로서 더 바랄 게 없었다.

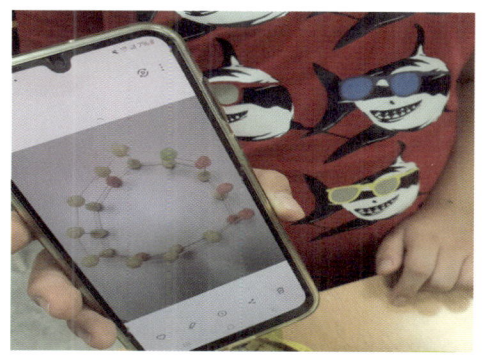

이 수업을 하며 다시 한 번 확신했다.

도형 수업은 단순한 만들기가 아니라, 공간 감각, 수학 언어, 관찰력, 설명력까지 길러주는 통합 활동이라는 걸.

특히 문화센터처럼 자유로운 공간에서는 아이들이 더 창의적으로, 더 깊이 몰입해서 자신만의 수학을 만들어가는 모습이 뚜렷했다.

"선생님, 이거 더 만들면 안 돼요?"

"도형 만드는 거 완전 재밌어요!"

아이들의 웃음 속에 수학이 있었고, 그날의 교실은 수학이 살아 숨 쉬는 작은 실험실 같았다. 정육면체, 직육면체, 삼각뿔, 사각뿔, 12각형까지…

아이들이 만든 도형 하나하나에는 책에서 배울 수 없는 경험이 담겨 있었다.

오늘 수업은 아이들의 손끝에서, 입에서, 마음속에서 정말로 살아 움직인 수학이었다.

# 색칠로 이해하는 백분율, 수학이 살아났다!

2025년 6월 16일 월요일
3일째 계속되는 비

6학년 아이들과 방과후 수학 수업을 하다 보면 가끔은 나도 놀랄 만큼 반짝이는 눈빛을 만나곤 한다. 오늘이 바로 그런 날이었다.

이날의 수업 주제는 '백분율'이었다. 본격적으로 개념을 다루기 전에 먼저 지난 시간에 배운 '비율'에 대해 잠깐 복습을 했다.

"얘들아, 비율이 뭐였지? 기억나는 사람?"

한 아이가 자신 있게 손을 들며 말했다.

"두 양을 서로 비교하는 거요! 예를 들면 남학생 3명, 여학생 2명 있으면 3:2요!"

"맞아! 아주 잘했어. 두 양을 같은 단위로 바꿔서 비교하는 게 비율이야."

나는 '비율이 사용되는 경우'에 대해 다양한 예를 소개했다. 예를 들어, 요리에서 간장의 양과 물의 양을 비교하는 비율, 교실에서 출석한 학생 수와 전체 학생 수를 비교하는 비율, 마트에서 2+1 상품을 계산할 때도 모두 비율 개념이 숨어 있다는 걸 알려주었다.

"이제는 비율을 조금 더 구체적인 숫자로 나타내볼 거야. 오늘은 백분율에 대해 배울 거거든!"

아이들에게 물었다.

"혹시 % 표시 본 적 있어?"

"네~ 할인할 때 봤어요!"

"맞아, 30% 할인! 50% 세일! 그런 문구에서 자주 보지? 그게 바로 백분율이야."

나는 백분율의 정의를 설명했다.

## 백분율

> **백분율** : 기준량을 100으로 할 때의 비율입니다.
> 백분율은 기호 **%**를 사용하여 나타내고, **%**는 **퍼센트**라고 읽습니다.

$$\frac{1}{100} = 1\%$$     $$\frac{37}{100} = 37\%$$

### 비율을 백분율로 나타내기

**방법1** 기준량이 100인 비율로 나타낸 후 백분율로 나타내기

$$\frac{13}{25} = \frac{13 \times 4}{25 \times 4} = \frac{52}{100} \ \rightarrow \ 52\%$$

**방법2** 비율에 100을 곱해서 나온 값에 기호 %를 써서 나타내기

$$\frac{13}{25} \times 100 = 52 \ \rightarrow \ 52\%$$

---

**백분율**은 기준량을 100으로 할 때의 비율이에요.

기호로는 %를 쓰고, '퍼센트' 라고 읽어요.

예를 들어 1/100은 1%, 37/100은 37%처럼 나타낼 수 있어요.

---

이론 설명 후, 백분율을 비율로 바꾸는 방법과, 비율을 다시 백분율로 나타내는 두 가지 방법(기준량을 100으로 맞추거나 100을 곱해서 나타내기)을 차례대로 익히며 예제도 함께 풀어보았다.

수업 후반부엔, 백분율을 시각적으로 이해하기 위한 모눈종이 조작활동을 진행했다.

각자에게 10×10 모눈이 인쇄된 종이를 나눠주고 말해주었다.

"이 네모 전체가 100이라고 생각하면, 하나하나의 칸은 1이야. 60칸을 색칠하면 몇 퍼센트일까?"

"60이니까… 60퍼센트요!"

"맞아~ 아주 정확해!"

모눈종이에 선을 긋고 색칠을 하며 아이들은 수학에 몰입하기 시작했다.

단순히 연산 문제를 푸는 게 아니라, 손으로 직접 숫자를 채워가며 '백분율'을 체감하니 훨씬 쉽게 개념이 잡히는 듯했다.

그중 한 아이가 속삭였다.

"선생님… 저 모눈종이 처음 봐요."

"정말? 그럼 오늘 처음으로 백칸을 색칠해보는 날이네!"

"네! 재밌어요.

원래 수학은 문제만 풀어야 되는 줄 알았는데, 이렇게 색칠하고, 비교해보는 것도 수학이라니 신기해요."

나는 속으로 '그래, 오늘 이 친구는 수학과 조금 더 가까워졌구나' 하고 미소 지었다.

활동을 하며 아이들은 자연스럽게 아래 개념들을 익혔다.

---

1칸은 전체의 1/100 → 1%

25칸 색칠 → 25%

75칸 색칠 → 75%

남은 칸을 이용해 전체에서 얼마만큼이 비어있는지도 파악 가능

---

나는 아이들에게 다시 질문했다.

"만약 80칸이 색칠되어 있다면, 전체의 몇 퍼센트가 색칠된 걸까?"

"80퍼센트요!"

"그럼 남은 부분은?"

"20퍼센트요!"

이처럼 '부분과 전체'를 자연스럽게 연결지어 백분율의 본질에 가까이 다가갈 수 있었다.

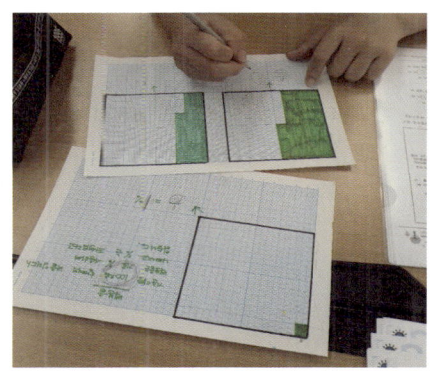

이 수업은 내가 '백분율'을 단순한 암기 개념이 아니라, 실생활과 연결하고 눈으로 보고 손으로 익힐 수 있도록 구성한 시도였다. 그저 칠하고 끝나는 활동이 아니라, 수학적 개념을 몸으로 이해하고 말로 표현하는 과정이었기에 아이들에겐 더 인상 깊게 다가왔던 것 같다.

한 아이가 나가면서 말했다.

"선생님, 오늘 수학은 진짜 미술시간 같았어요. 그래서 좋았어요. 근데 배운 건 분명 수학이잖아요!"

나는 속으로 되뇌었다.

"맞아, 그게 바로 내가 하고 싶은 수학 수업이야."

# 종이 한 장이 알려준 수학의 놀라운 세계, 뫼비우스의 띠

오늘 수업은 평소와 조금 달랐다.

문제집도 펴지 않았고 필통도 꺼내지 않은 채 시작했다.

책상 위에는 긴 종이띠를 만들 스케치북과 가위, 테이프, 색연필, 사인펜만 놓여 있었다.

아이들은 약간 의아한 표정으로 나를 바라봤다.

"선생님, 오늘은 뭐해요?"

"우리 수학하는 거 맞아요?"

나는 웃으며 말했다.

"맞아, 오늘은 아주 신나는 수학놀이를 할 거야"

"지금까지 수학수업은 교과서나 문제집으로만 공부했었지?"

"네…."

"책으로만 하는 것만 수학공부가 아니야~ 이렇게 조작활동을 하는게 훨씬 훨씬 수학공부를 더 잘하는 거야~~~"

(수학의 조작활동의 중요성을 조금이나마 알려주고 싶었다)

우리는 '뫼비우스의 띠'라는 이름부터 생소한 수학이야기를 시작했다.

종이 띠 하나를 살짝 비틀어 붙이고 가위로 자르기 시작했을 뿐 인데…

"어어?! 왜 이렇게 돼요??"

"두 개로 잘라지는 줄 알았는데 하나네요?!"

"우와 ~ 마술 같아!"

아이들은 하나 둘 놀라움의 소리로 교실을 가득 채웠다.

하나의 면, 하나의 모서리. 끝이 없고 시작도 없는 띠 직접 자르고 만지며 깨닫는 그 순간, 아이들의 눈빛이 반짝였다.

설명이 길 필요도 없었다. 손으로 경험한 수학은 몸으로 이해되는 법.

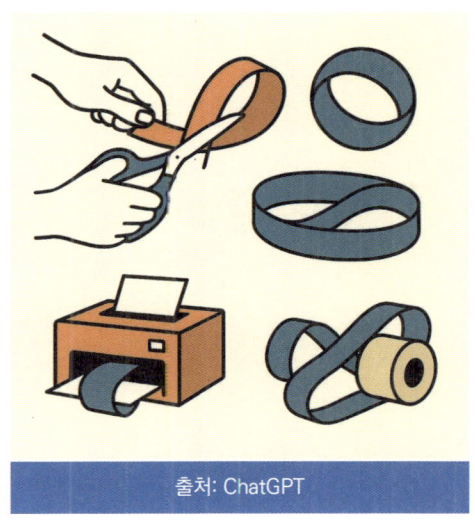

출처: ChatGPT

우리는 단순히 만들기에서 그치지 않고 이 뫼비우스의 띠가 실제로 어디에서 쓰이는지에 대해 이야기했다.

프린터 안의 종이 이송 벨트. 산업용 무한 회전벨트, 에스컬레이터의 손잡이 벨트, 심지어 자동차 타이어 공정에서도 쓰인다는 이야기에 아이들이 눈이 더욱 동그래졌다.

"진짜요? 그냥 장난감인 줄 알았는데!"

"우리 집에도 뫼비우스 띠가 있는 거네요?"

"저의 집에 프린터기 있는데!! 우와 아빠보고 오늘 한번 열어봐달라해야지~"

"헐⋯ 수학이 이럴 수도 있어요?"

아이들은 연신 신기하다는 표정이었다.

　수학은 책속에만 있는 줄 알았던 아이들에게 수학이 '삶'안에 있다는 사실을 알려준 날

　이 수업을 준비하며 나 역시 많이 배웠다.

　우리는 흔히 수학을 "정답을 맞히는 과목"이라 생각하지만, 사실 수학은 생각하고, 발견하고, 감탄하는 학문이라는 걸

　아이들과 함께 만들어보며 다시 깨달았다.

　오늘처럼 조작하고 체험하는 수학이 아이들의 호기심을 자극하고 창의력을 키우며 무엇보다 수학을 '좋아하게' 만든다는 걸

　몸으로, 마음으로, 확신하게 된 하루였다.

　수학은 공식이 아니라 느낌이다.

　수학은 정답보다 경험이다.

　그리고 그 경험은, 이렇게 조용한 교실 안 종이 한 장에서 시작될 수 있다.

# 아이들과 처음으로 써 본 수학일기

2025년 07월 09일 수요일
더운 것 보다 뜨겁다-

오늘은 조금 특별한 수업을 준비했다. 그동안은 놀이와 활동으로 수학을 접하게 했지만, 오늘은 하루를 통째로 잡아 아이들과 함께 '수학일기'를 써보기로 한 것이다.

내가 먼저 이 활동을 준비한 이유는 분명하다.

수학일기는 단순히 문제 풀이로 끝나는 공부가 아니라, 자신이 배운 개념을 글과 그림으로 정리하며 스스로의 생각을 표현하는 힘을 길러주는 도구이기 때문이다.

수업 시작 전, 아이들에게 "오늘은 수학일기를 써볼 거야"라고 말하자 교실 분위기가 순간 얼어붙었다. 아이들의 얼굴에서 긴장과 낯섦이 동시에 읽혔다. 그러나 차근차근 '수학일기란 무엇인지', '왜 쓰는지'를 설명해주자, 아이들은 조금씩 마음을 열고 연필을 들어 한 글자씩 써 내려가기 시작했다.

1교시에는 1·2학년 아이들과 함께했다. 아직 글쓰기에 서툰 나이지만, 오히려 주저하지 않고 자신의 생각을 자유롭게 적어나가는 모습이 놀라웠다. 그림을 곁들이기도 하고, 짧은 문장으로 솔직하게 표현하기도 했다. 수학일기가 무엇인지 처음 접했음에도 불구하고, 아이들은 마치 놀이처럼 가볍게 받아들였다.

2교시에는 3·4학년과 함께했다. 글쓰기에 익숙한 나이임에도 불구하고 오히려 "어떻게 시작해야 할지" 고민하는 아이들이 많았다. 단순히 답을 쓰는 데 익숙했던 터라, 자신의 생각을 정리하고 문장으로 표현하는 과정을 어려워한 것이다. 하지만 시간이 지나면서 조금씩 틀이 잡히고, 자신만의 문장으로 수학 개념을 풀어내기 시작했다.

3교시에는 5·6학년이 도전했다. 수학 개념을 깊게 배우는 시기인 만큼 더 풍부한 표현을 하려 애쓰는 모습이 보였다. 다만 처음이라 글을 다듬는 데 시간이 많이 걸렸고, 생각을 글로 옮기느라 진땀을 빼기도 했다. 그럼에도 불구하고 '수학을 글로 풀어낸다'는 새로운 경험이 아이들에게 의미 있게 다가왔음을 느낄 수 있었다.

오늘의 활동을 지켜보며 다시 한번 깨달았다.
수학일기는 단순한 기록이 아니라, 아이들의 사고력과 표현력, 그리고 학습 습관을 길러주는 소중한 과정이라는 것을. 문제를 풀고 답을 적는 데서 멈추지 않고, 자신이 이해한 개념을 글과 그림으로 정리하면서 아이들은 수학을 자기 언어로 소화해낸다.
물론 오늘은 아이들에게도, 나에게도 첫 시도였다.
그래서 완성된 글의 완성도보다는, "수학일기를 썼다"는 그 자체에 더 큰 의미를 두고 싶다.
처음이라 서툴렀지만, 아이들의 글 한 줄 한 줄에는 분명 배움의 흔적이 남아 있었다.
앞으로는 한 달에 한 번, 아이들과 수학일기를 쓰는 시간을 가져보려 한다. 꾸준히 쌓이다 보면 지금은 서툴게 시작한 글이 언젠가는 자신만의 수학적 통찰이 담긴 글로 성장할 것이라 믿는다. 오늘 만난 아이들의 떨림과 고민이 언젠가 큰 자신감으로 바뀌어 나올 그날이 벌써 기대된다.

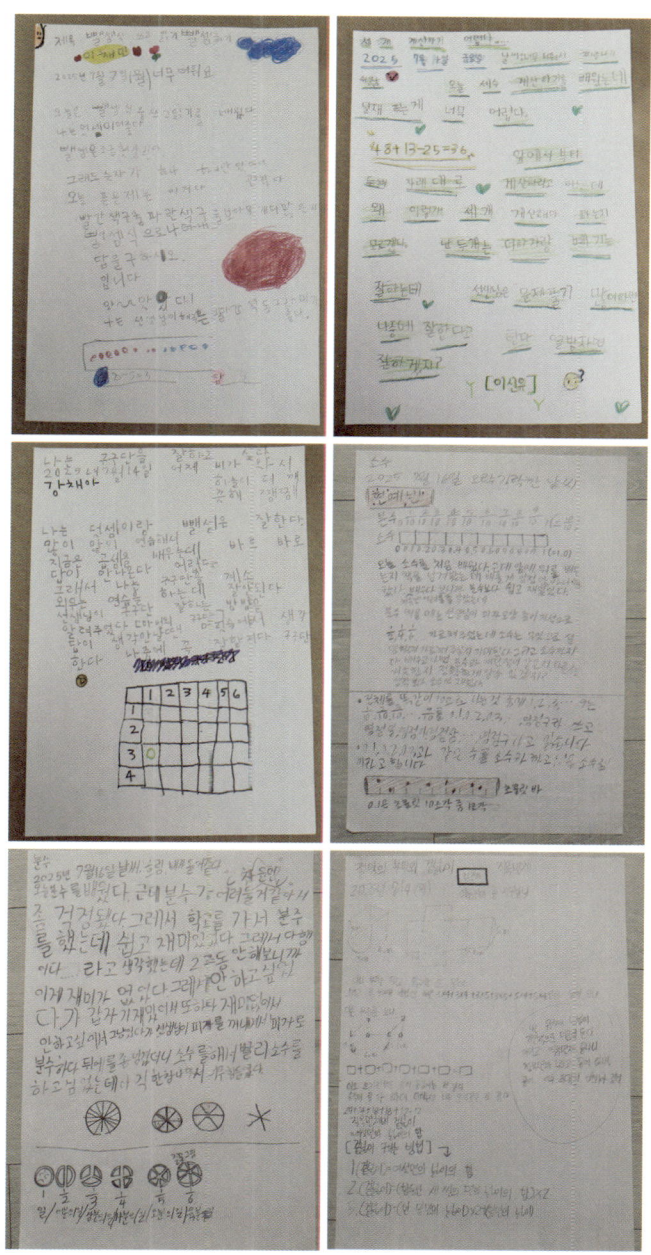

# 색종이와 식빵으로 분수를 만나다

2025년 4월 21일 금요일
봄이구나 느끼는 따스한 햇살이 가득한 날

7살 우리 딸에게 '분수'라는 단어는 아직은 낯설고 어려운 말이다.
하지만 수학은 꼭 숫자와 기호로 시작해야 할까?
나는 오늘, 그 정답을 딸과 함께하는 색종이 놀이에서 찾았다.
색종이를 자르고 붙이는 걸 유난히 좋아하는 우리 딸.
오늘도 어김없이 스케치북을 펼치고 알록달록 색종이를 꺼냈다.
나는 조심스레 말을 꺼냈다.
"오늘은 색종이로 분수를 한번 해볼까?"
"분수?"
"응~ 한번 해보자! 아직 서린이한테는 어려울 수 있는데 엄마랑 하면 재미
있을 거야. 자, 이거 한 장을 반으로 접어서 잘라보자. 이건 '2분의 1'이야."
그러자 딸은 "우와~ 반쪽 색종이네! 근데 이건 무슨 색이야?" 하며
여전히 색깔에 더 관심을 보였다.
나는 그 순간 피식 웃음이 나왔다.
아직 분수가 무엇인지도 모르는, 숫자보다 색깔이 더 좋은 아이.
그래, 이 시기엔 그게 더 자연스럽고 좋은 거지.
그래서 수학을 '공부'가 아니라 '놀이'로 시작해보기로 했다.

"이번엔 이거 세 조각으로 나눠보자. 이렇게 나누면 1/3이 되는 거야."

"그럼 이건 1/4? 하나를 4개로 나눈 거니까?"

"맞아~ 똑똑한데?"

"그럼… 이건 5개로 나눴으니까 1/5이지? 엄마, 숫자가 커질수록 색종이 네모는 작아지네?" 헉, 속으로 감탄했다. 분수의 핵심을 딱 집은 말이었다.

"그래~ 엄청 잘 봤다. 숫자가 커질수록 네모조각은 더 작아져.

그래서 1/6, 1/8, 1/10 이렇게 갈수록 작아지는 거야."

딸은 색종이를 자르고, 붙이고, 사인펜으로 선을 긋고, 각 조각 위에 1/2, 1/3, 1/4 같은 분수 기호를 써넣었다.

"엄마~ 이건 1/5, 이건 1/6~ 문서린 쓰고 하트도 그려야지 "

작업은 거의 미술놀이처럼 진행됐다.

수학보다 그림, 색깔, 스티커, 하트가 더 중요했지만, 나는 그 안에 숨어 있는 분수 개념들이 조금씩 스며들고 있다는 걸 느낄 수 있었다.

"엄마, 근데 배고프다. 진짜 먹는 걸로도 해볼 수 있어?"

"그럼~ 식빵 있잖아. 우리 식빵으로 분수 해보자!"

나는 부엌에서 식빵 한 장을 가져와 칼로 반을 잘랐다.

"이게 1/2."

딸이 웃으며 말했다.

"그럼 또 반 자르면 1/4!"

"오~ 대단해~ 또 반 자르면?"

"음……?

우리는 빵을 자르다 결국 16조각까지 만들었다.

빵을 자르고, 수학 이야기를 하며 웃고 떠들던 그 순간, 나는 다시 한번 느꼈다.

수학은 기호와 공식이 아니라 '경험'으로 시작되어야 한다는 걸.

분수라는 단어도 모르던 아이가 색종이를 자르고, 선을 긋고, 식빵을 나누며 분수의 의미를 몸으로 느끼고 있었다.

그 조각들은 비록 정교하지 않았지만 그 안에는 수학적 개념, 엄마와의 정서적 교감, 그리고 스스로 깨닫는 태움이 들어 있었다.

"엄마~ 분수 놀이 또 하고 싶다~~~"

다음엔 과자로 하자~ 초콜릿으로 해도 되지?"

"응 당연하지~"

수학이 이렇게 맛있고 따뜻하고 재미있는 거라는 걸 오늘 딸과 함께 또 한 번 확인했다. 분수란 결국 나누는 것, 그리고 '나눌수록 더 작아지지만, 그 조각 하나하나가 소중해지는 것' 아닐까?


오늘의 수학일기는

수학보다 더 큰 사랑과 기억의 분수를 담은 하루였다.

# 우리 딸과 함께한 100까지 숫자 여행

2025년 5월 2일 금요일
어제 비가 온 뒤 너무나 깨끗하고 화창한 날

우리 딸은 올해 7살.

내년에 초등학교에 입학할 아이지만 아직은 숫자보다는 노는 게 더 좋은 나이다.

저번 달에 분수를 함께 공부했는데, 솔직히 조금 어려웠다. 내가 수학 선생님이란 생각만 하고 아이가 7살이란 생각은 안했나 보다. 하하하.

딸도 웃으면서 하긴 했지만 개념을 완전히 이해하기엔 아직 이른 느낌이었다.

그래서 이번에는 곧 1학년 때 배우게 될 '100까지의 수'를 미리 맛보기로 해보기로 했다.

오늘 아침, 딸이 거실에서 블록을 정리하며

"하나, 둘, 셋… 열일곱, 열여덟, 스물아홉…" 하고 숫자를 세고 있었다.

그러다 갑자기 "엄마, 스물아홉 다음엔 뭐야?" 하고 물어왔다.

"그건 서른이야. 스물아홉 다음은 서른."

"아~ 서른!" 하면서 눈이 반짝였다.

그 표정을 보니 지금이 딱 숫자 공부할 타이밍이라는 생각이 들었다.

처음에는 쉽게 1부터 10까지만 적어서 아이보고 따라 적어보라 하였다.

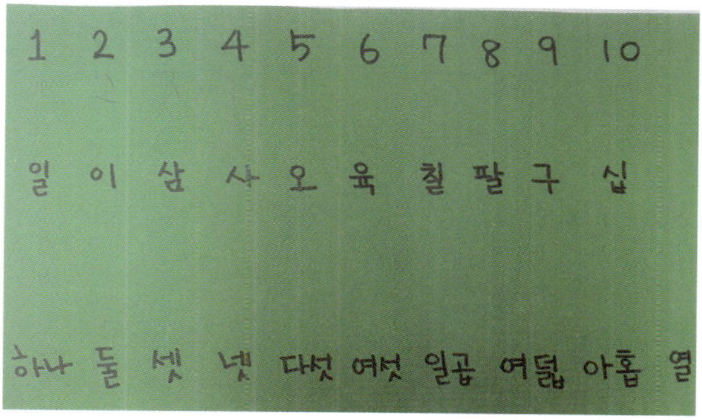

그리고 마침 집에 있던 숫자 적기 딱 좋은 큰 종이가 있길래 거기에 가로 세로로 줄을 그어 100칸을 만들었다.

그리고 1부터 100까지 하나씩 써 보기로 했다.

"우리 오늘은 숫자 여행을 해볼까? 1부터 100까지 가는 거야."

딸은 신나게 색연필을 챙겨왔다.

1부터 10까지는 척척 잘 썼다.

어린이집에서 요즘 수 세기를 배우는 덕분인지

"일 이 삼 사 오 육 칠 팔 구 십, 십일, 십이…" 하고 중얼거리며 써내려 갔다.

하지만 서른이 넘어가면서부터 조금씩 멈칫했다.

"엄마, 사십 다음은 뭐지?"

"칠십 구 다음은 뭐였더라?"

그럴 때마다 나는 살짝 힌트를 주고, 딸은 고개를 끄덕이며 다시 숫자를 이어갔다.

숫자를 읽는 방법도 조금 헷갈려 했다.

"일 이 삼 사 오…"처럼 한자식 읽기와

"하나 둘 셋 넷⋯"처럼 우리말 수 세기를 비교해서 가르쳐주니

"숫자는 왜 말하는 방법이 2개야?" 하며 신기해했다.

다만 하나씩 세어보는 건 금방 지쳐하는 모습이었다.

그래서 중간중간 게임처럼 "엄마랑 번갈아 쓰기"를 하며 흥미를 이어갔다.

시간이 조금 걸렸지만, 드디어 100칸이 모두 채워졌다.

딸은 완성된 숫자판을 들고 "엄마! 나 100까지 다 썼어!" 하며 활짝 웃었다.

나는 그 순간이 너무 대견하고 사랑스러워서

"문서린~, 초등학교 가면 수학 정말 잘하겠다!" 하고 안아주었다.

오늘은 단순히 숫자를 쓰고 읽는 시간이 아니었다.

아이의 호기심이 시작된 순간을 잡아

함께 배우고, 성취감을 느끼게 해준 소중한 하루였다.

이 숫자판은 우리 딸이 초등학교에 가서도

자신 있게 숫자를 읽고 쓸 수 있는 든든한 친구가 되어줄 것 같다.


## 계란판으로 놀다 보니 수학이 쏙!

2025년 07월 05일 토요일
구름 한 점 없는 뜨거운 여름 날

오늘은 버려두었던 20구짜리 계란판을 꺼냈다. 나는 평소 계란판을 잘 버리지 않는다.

미술시간에는 물감 팔레트로, 과학놀이를 할 때는 폭발실험 도구로, 또 아이와 함께하는 다양한 활동에서 유용하게 쓰이기 때문이다. 오늘은 그 계란판을 수학 교구로 활용해 연산 놀이를 해보기로 했다.

놀이를 시작하기 전, 아이와 함께 가장 기본적인 10이 되는 짝꿍 숫자를 짝지어보았다.

1과 9, 2와 8, 3과 7, 4와 6, 그리고 5와 5. 이렇게 몇 번 손가락으로 짝을 지어가며

"둘이 만나면 10이 되네!"를 확인했다. 아이는 금세 "아! 이게 짝꿍 숫자구나" 하고 신나게 외쳤다. 기본을 가볍게 연습하니 본격적인 활동을 시작할 준비가 되었다.

"자, 이제 게임 시작~!"

내가 신호를 외치자 아이는 두 눈이 반짝였다.

주사위를 두 개 던져 나온 수만큼 계란판에 사탕 모형을 올려놓는 방식이다.

이번 놀이의 규칙은 간단하다. 예를 들어 5와 6이 나오면, 핑크색 사탕 5개와 파란색 사탕 6개를 차례대로 계란판에 채워 넣는다. 아이는 "핑크 다섯 개, 파랑 여섯 개… 모두 몇 개일까?" 하며 직접 세어보았다.

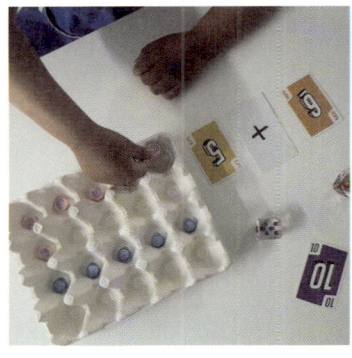
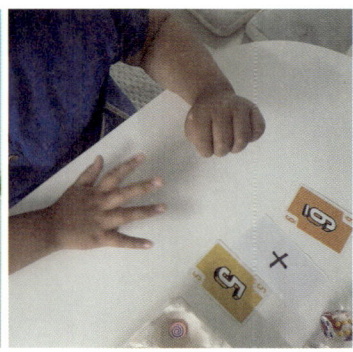

종이에 문제를 쓰면 금세 흥미를 잃는 아이지만, 이렇게 게임처럼 진행하니 집중력이 살아났다.

특히 계란판의 장점은 눈으로 보며 손으로 세는 과정이 자연스럽게 덧셈과 뺄셈의 개념을 익히게 한다는 점이다. 아이는 칸이 꽉 차면 "다 찼네! 이제 다음 칸에 넣어야 해!"라며 스스로 받아올림을 경험했다. 10 이상의 수는 아직 조금 어려워했지만, 6+6까지는 큰 무리 없이 이해했다. 어려운 문제를 억지로 풀게 하지 않고, 놀이로 접근하니 아이의 표정에는 부담감 대신 즐거움이 가득했다.

오늘 활동을 지켜보며 '엄마도 훌륭한 수학 선생님이 될 수 있구나' 하는 생각이 들었다.

특별한 교구가 아니어도, 집 안에 있는 재료들로 충분히 수학 개념을 가르칠 수 있다.

계란판은 단순히 계란을 담는 도구가 아니라, 아이가 수를 시각적으로 이해하고 손끝으로 체험하는 훌륭한 수학 교구였다.

수학은 아이에게 종종 어렵게만 느껴지지만, 이렇게 놀이와 연결되면 즐겁고 친근한 시간이 된다. 오늘 딸은 "엄마, 또 하고 싶어!"라며 놀이를 마무리했다. 그 한마디 속에는 수학이 놀이가 되고, 배움이 즐거움이 되는 순간의 진심이 담겨 있었다.

엄마의 시선으로 바라본 오늘의 수학 놀이. 아이의 웃음과 호기심이 함께한 이 시간이야말로 수학을 좋아하게 만드는 시간이었다.

# 곱셈구구는 어렵다. 그래도 재밌는 땅따먹기 게임

2025년 07월 16일 수요일
아침부터 계속 비 내림

오늘은 곱셈구구 게임을 했다.

나는 덧셈이랑 뺄셈은 잘한다.

문제를 보면 바로바로 답이 튀어나온다.

그런데 곱셈구구는 진짜 어렵다.

곱셈 문제를 보면 머릿속이 복잡해진다.

답이 툭 하고 안 튀어나온다.

엄마랑 매일 집에서 외우는 연습을 하는데

금방 외웠다가도 다음 날 또 헷갈린다.

그래서 곱셈은 좀 싫다.

"왜 곱셈구구를 외워야하지?"

속으로 이런 생각도 많이 했다.

그런데 오늘 수업에서 선생님이 곱셈은 덧셈을 여러 번 하는 것이라고 알려주셨다.

예를 들면 2×3은 2를 3번 더하는 거라고 했다.

2 + 2 + 2 = 6

이걸 곱셈으로 쓰면 2×3 = 6!

오! 갑자기 곱셈이 신기하게 느껴졌다.

그리고 선생님이 "곱셈은 생활 속에서 진짜 많이 써요.

과자를 몇 개씩 나눠줄 때, 줄을 몇 줄로 설 때, 상자 안에 물건이 몇 개씩 들어갈 때도 다 곱셈이랍니다" 하고 말씀하셨다.

그 말 듣고 "아~ 그래서 배워야 되는구나!" 싶었다.

선생님이 곱셈은 생각하는 힘을 키워준다고 하셨다. 덧셈보다 더 빠르게 계산할 수 있고, 나중에 나눗셈도 배우려면 꼭 알아야 된다고 했다. 조금 어렵지만 꼭 필요한거 같긴 했다.

설명이 끝나고, 우리는 곱셈 문제 카드 뽑기 게임을 했다.

카드를 하나씩 뽑아서 거기 있는 곱셈 문제를 맞히면, 땅따먹기 칸에 그 숫자만큼 색칠을 하는 게임이었다. 4×5를 맞히면 20칸을 색칠하는 거다!

근데 틀리면 색칠도 못 해서 아쉬웠다.

그래도 게임이라서 그런지 틀려도 막 속상하지는 않았다.

나는 6×2, 3×5는 금방 맞혔고 8×7은 고민하다가 틀렸다.

게임하면서 진짜 많이 웃은 거 같다.

어느새 곱셈이 재미있어졌다.

오늘 나는 곱셈은 외우는 게 아니라 생활 속에서 쓰는 중요한 계산이라는 걸 알게 되었다.

그리고 게임처럼 하니까 훨씬 더 재밌고, 머리에 쏙쏙 들어왔다.

오늘 집에 가면 형이랑 땅따먹기 게임을 할거다.

난 곱셈을 잘하고 싶으니까!

# 평행사변형! 처음엔 몰랐는데 이제는 알겠어요

2025년 6월 9일 월요일
벌써 여름이, 햇볕이 너무 뜨거운 맑은 날씨

오늘 수학 시간엔 좀 복잡하고 생긴 것도 이상한 도형을 배웠다.

처음엔 딱 보자마자 "이건 뭔가요?" 하고 속으로 중얼거렸다.

그 도형은 사각형처럼 생겼는데, 꼭대기도 비뚤고 옆으로 기운 것처럼 보였다.

선생님이 "얘는 평행사변형이야"라고 했는데, 이름부터 어려워서 귀에 안 들어왔다. 나는 직사각형이나 정사각형처럼 반듯한 도형이 좋은데….

넓이를 구한다고 하셔서 '아 또 가로 곱하기 세로 하겠지' 했는데, 갑자기 "얘는 그렇게 안 구해요"라고 하셨다.

순간 머릿속이 '띠용?' 하고 멈췄다.

"뭐야, 왜 또 다르게 하라는 거야…"

속으로 짜증이 올라왔다. 진짜 수학은 왜 이리 복잡하게 만드는지 모르겠다.

그때 선생님이 갑자기 색종이를 들고 오셨다.

평행사변형 모양을 하나 오려서, 한쪽 삼각형을 쓱 자르더니

그걸 반대쪽으로 옮겨 붙이셨다.

그랬더니… 어? 그게 직사각형이 되어버렸다!

헐, 이게 뭐지?

"자, 이제 이 모양의 넓이를 구해볼까요?"

선생님이 웃으면서 말하셨다.

나는 그제야 조금 알 것 같았다.

"아… 그래서 밑변이랑 높이만 보면 되는 거구나!"

그냥 비뚤어진 모양이었던 평행사변형이 조각을 옮기니까 똑바로 된 네모가 되어버렸고, 그래서 넓이도 직사각형이랑 똑같이 구하면 된다는 걸 알게 됐다.

출처: ChatGPT

처음엔 진짜 헷갈리고, "왜 이걸 배워야 해?" 하고 마음속으로 몇 번이나 중얼거렸는데, 이렇게 종이를 잘라서 보여주니까 눈으로 딱 보이니까 이해가 됐다.

괜히 혼자 끙끙대면서 계산하려고 했던 내가 조금 웃겼다.

사실 나는 수학을 좋아하지 않는다.

문제 푸는 것도 오래 걸리고, 틀리면 기분 나쁘고, 가끔은 그냥 아무것도 하기 싫어질 때도 있다.

근데 오늘은 뭔가 좀 달랐다.

눈으로 보고, 손으로 자르고, 다시 붙이니까 수학이 게임 같기도 했다.

그냥 숫자랑 공식만 보면 어려웠던 것도, 이렇게 해보니까 '어? 나도 할 수 있네' 싶었다.

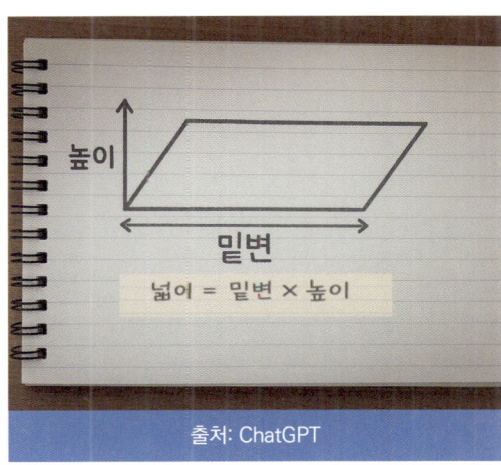

출처: ChatGPT

오늘 평행사변형 넓이 문제는 다 풀진 못했지만, 어떻게 푸는지는 진짜 확실히 알았다.

내가 모양을 이해하고 설명할 수 있다는 게 기분 좋았다.

조금 느려도 괜찮으니까, 앞으로도 포기하지 말고

하나씩 알아가야겠다는 생각이 들었다.

가끔 짜증날 수도 있지만, 그래도 수학이 조금 재밌다는 생각도 든 하루였다.

# 에필로그

수학일기를 쓰는 시간은, 저에게도 아이들에게도 단순한 복습의 순간이 아니었습니다. 그건 마치 하루 동안 걸어온 길을 함께 되짚는 산책 같았습니다.

아이들이 어떤 방식으로 문제를 이해하는지, 실수를 어떻게 해석하고 받아들이는지, 그리고 수학이라는 도구를 통해 어떻게 성장하는지를 가장 투명하게 들여다볼 수 있는 시간이었지요.

그 과정을 지켜보면서, 저는 '가르친다'는 것의 의미를 다시 생각하게 되었습니다. 정답을 알려주는 일이 아니라, 스스로 사고하고 결론에 도달할 수 있도록 기다려주는 일.

때로는 침묵이, 때로는 한 마디의 질문이 아이의 사고를 넓혀준다는 것을 배웠습니다.

처음 수학일기를 시작했을 때, 아이들은 다소 낯설어했습니다.

하지만 짧게라도 써 내려가다 보니, 점점 자신의 생각을 글로 옮기는 데 익숙해졌습니다. 이 과정이 쌓이면, 아이들은 개념을 더 깊이 이해하고 스스로 사고하는 힘을 키우게 됩니다.

이 책은 부산의 한 초등학교 방과후와 학습센터에서 아이들과 나눈 수많은 수업 순간들을 모은 기록입니다.

활동이 끝난 후 주고받은 대화, 놀이 속에서 터진 깨달음, 실패 후 다시 도전하며 배운 용기. 그 모든 장면을 수학일기에 담아왔습니다. 저는 믿습니다.

수학은 단순히 계산 능력을 키우는 학문이 아니라, 사고를 구조화하고 생각을 표현하는 언어라는 것을. 그리고 그 언어를 아이들이 편안하게 익히도록 돕는 가장 좋은 방법 중 하나가 바로 '수학일기'라는 것을요.

이 글을 읽는 부모님과 선생님, 그리고 학생들이 수학 앞에서 한 걸음 더 가까이 다가가길 바랍니다.

수학은 두려움의 언어가 아니라, 서로를 이해하고 연결하는 따뜻한 대화가 될 수 있으니까요.

마지막으로 이 길에 항상 옆에서 응원해주는 가족들과 나의 제자들과, 이 길을 함께 걸으며 이끌어주고 밀어주는 선생님들께 감사함을 표하며 사랑합니다.

Triangle

Square

Circle

Octagon

Pentagon

Hexagon

# 일기로 만나는 수학 이야기

이 주 영

# 프롤로그

아이들과 함께 수학을 공부하며 자주 느꼈습니다.

개념을 스스로 정리하고, 자신만의 힘으로 문제를 해결해 보는 시간이 얼마나 중요한지를요.

그래서 생각해 보았습니다.

아이들이 공부라는 생각 없이도 자연스럽게 배운 것을 정리할 수 있는 방법은 없을까. 그러다 '수학일기'가 떠올랐습니다.

일상의 소소한 사건 대신 오늘 배운 수학 이야기를 적어 보는 건 어떨까요.

오늘 틀렸던 문제 하나, 수업 중 잠깐 헷갈렸던 개념, 선생님의 설명 중 마음에 남은 말, 혹은 단원을 마무리하며 느낀 점들…

이 모든 것이 훌륭한 일기 소재가 될 수 있습니다.

수학일기를 쓴다는 건 단지 배운 내용을 기록하는 것을 넘어

아이 스스로 한 번 더 생각해 보고, 스스로의 말로 정리해 보는 과정입니다.

이 조용한 되새김질이 개념을 더 깊게 이해하게 하고, 오랫동안 기억에 남게 합니다.

이렇게 좋은 공부 방법이 많은 이들에게 알려졌으면 좋겠다는 마음이 들었습니다. 그래서 뜻이 맞는 선생님들과 함께

수학일기 책을 만들게 되었습니다.

아이들에게는 재미있는 공부의 길을, 학부모님들께는 새로운 지도 방법을, 그리고 선생님들께는 교육 현장에서 유용한 도구를 드리고 싶었습니다.

그 마음을 모아 한 글자, 한 장 정성껏 채워나갔습니다.


무엇보다 혼자였다던 여기까지 오지 못했을 것입니다.

함께 길을 걷고, 마음을 므아준 선생님들께

진심을 담아 감사드큽니다.

# "원이 직사각형이 된다고? 머선 일이고?"

2025년 6월 3일
바람이 살랑살랑 시원한 날

오늘은 아이들과 함께 색종이를 오려 원의 넓이를 알아보는 활동을 했다. 그냥 공식만 외우는 수업이 아니라, 직접 손으로 오리고 붙여보면서 원이 어떻게 직사각형으로 변신하는지 눈으로 확인하는 재밌는 시간이었다.

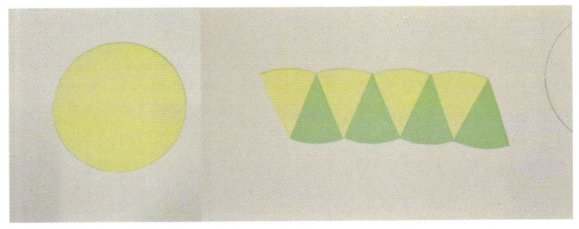

먼저 색종이로 동그란 원을 만들고, 반을 접고 또 반을 접어서 작은 조각으로 잘랐다. 그리고 이 조각들을 엇갈리게 붙여보면 얼핏 직사각형 모양이 나온다. 아이들은 "진짜 직사각형 같아요!" 하면서 신기해했지만, 사실 조금 삐뚤빼뚤해서 "이걸 직사각형이라고 할 수 있나?"라는 반응도 있었다.

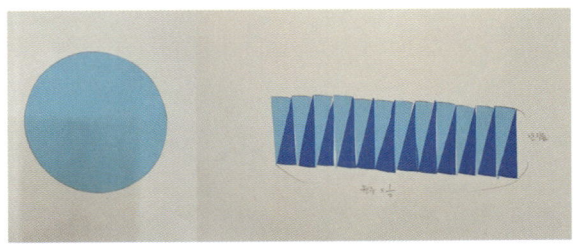

그래서 이번에는 더 작게 작게 접어서 더 작은 조각으로 잘라 보았다. 그리고 이어 붙였더니, 이번에는 훨씬 직사각형에 가까운 모양이 만들어졌다. 아이들은 "오~ 진짜 직사각형이 됐어요!"라며 눈이 반짝였다. 그리고 만들어진 직사각형의 가로는 원주의 절반이라는 것과 세로는 원의 반지름이라는 것을 색종이를 직접 오리고 붙여보며 확인했다.

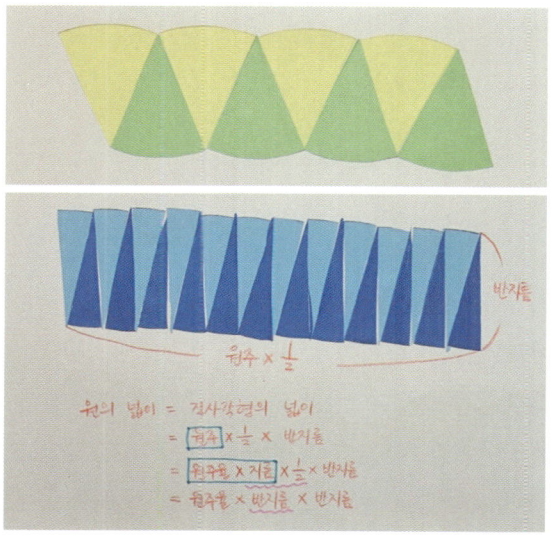

이 활동을 통해 아이들은 원을 아주 작은 조각으로 나누면 직사각형 모양으로 변신한다는 놀라운 사실을 알게 되었고, 그 직사각형의 가로와 세로가 원의 어느 부분과 연결되는지도 자연스럽게 이해할 수 있었다. 이렇게 원의 넓이를 구하는 원리를 이해하게 되었다.

이 과정을 말로만 설명했다면 아이들이 어렵게 느꼈을 텐데, 이렇게 직접 오리고 붙이며 배우니 아이들이 재밌다며 엄청나게 좋아했다.
무엇보다 나중에 공식을 잊어버리더라도 오늘 색종이를 오리고 붙이며

'원이 직사각형으로 변했던 순간'은 기억에 남을 것이다. 그 기억만 되살아난다면 다시 공식을 찾는 건 어렵지 않을 것이라 생각한다.

오늘 수업은 아이들에게도, 나에게도 눈으로 보고 손으로 느끼며 배우는 수학의 즐거움을 다시 한번 느낄 수 있었던 소중한 시간이었다.


## 맛있게 배우는 식빵 분수

2025년 4월 3일
파란 하늘이 반짝반짝한 날


오늘은 맛있는 식빵으로 분수 놀이를 했다.

식빵과 나이프, 접시를 준비하고, 자르고 싶은 만큼 잘라 보라고 했다. 그런데 한 가지 조건을 주었다. 자른 조각의 크기가 모두 같아야 한다는 것이었다. 그러자 아이가 고민하기 시작했다. 똑같이 잘라야 한다는 것에서 어떻게 잘라야 똑같이 자르는 것일지 고민이 된 것이다. 아이는 어떻게 자를지 생각하다 식빵의 반을 뚝 잘랐다. 그리고 다시 반을 뚝 자르며 "선생님, 계속 반씩 자르면 되겠는데요?"라고 말한다.

식빵을 한 번 자르면 2조각이 되고, 두 번 자르면 4조각이 되고, 다시 반씩 자르면 8조각으로 나누어진다. 그리고 다른 아이는 예쁘게 자르고 싶다며 세모 모양으로 잘랐다. 그리고 아주 작게 잘라 보겠다며 열심히 자르더니 16조각이 되었다. 식빵을 16조각으로 자르는 것은 쉬운 일이 아니었지만, 세모 모양이 예쁘다며 좋아한다. 이렇게 아이들은 식빵을 잘라보며 자른 조각의 모양은 다르지만, 분수에서 똑같이 나누는 것이 중요하다는 것을 알게 된다.

그리고 "식빵 1개를 똑같이 8조각으로 나눈 것 중 1조각의 크기를 수로 표현할 수 있을까?"라는 질문을 했다. 아이들은 머리가 뱅글뱅글 돌아간다. "이것을 수로 표현한다고요? 어떻게요?"

가로선을 긋고 식빵을 똑같이 나눈 전체 조각 수를 아래에 쓰고, 그중에 1조각만큼을 나타낼 거니까 부분 조각의 수를 가로선 위에 쓰면 1/8이라는 분수로 표현할 수 있다고 설명해 주었다. 그러자 다른 아이는 "나는 16조각인데, 그러면 나는 1/16이겠네요."라며 자신있게 말한다. "맞아! 분수 엄청 잘하는데~"라고 말하니 "분수, 쉽네~"라며 좋아한다.

그리고 다음 질문! "그러면 똑같이 자른 식빵 2조각의 크기는 어떻게 표현할 수 있을까?"

식빵 1개를 똑같이 8조각으로 나눈 것을 아래에 쓰고, 그중 1조각을 분수로 1/8이라고 나타내니 8조각 중 2조각을 분수로는 2/8로 나타낼 수 있다는 것도 알게 된다.

그리고 아이들은 "그러면 3조각은 3/8, 4조각은 4/8, 이렇게 계속 표현하면 되겠네요."라며 스스로 알아간다.

이렇게 각자 자기가 자른 조각의 크기를 분수로 표현하며 분수 놀이를 즐겁게 했다. 그리고 이제 드디어 맛있는 식빵을 먹을 수 있는 시간이 되었다. 먹으면서도 분수 놀이는 계속되었다.

"자, 한 조각씩 먹어볼까? 그러면 우리가 먹은 빵은 전체의 얼마만큼일까?"

"한 조각을 더 먹어서 2조각을 먹으면 먹은 빵은 전체의 얼마만큼일까?"

질문은 계속된다. "그러면 남은 식빵은?" 아이들은 개수를 센다고 야단이다.

이렇게 아이들과 식빵을 잘라보며 1개를 작게 나눈 조각도 분수라는 수로 표현이 가능하다는 것을 맛있고 또 재밌게 공부했다. 아이들에게 오늘 분수에 대해 알아보며 느낀 점을 말해보자 했더니

"분수는 똑같이 나누는 게 중요해요!"

"나눈 모양은 다를 수 있어요!"

"8분의 1, 8분의 2 같은 것이 분수예요!"

"나눈 조각 수랑 부분 조각 수로 분수를 표현해요!"라며 오늘 느낀 점들을 술술 얘기한다.

아이들은 이렇게 맛있는 식빵을 먹으며 재밌게 분수를 배우고, 친구와 나눈 모양과 조각 수를 비교해 보며 재밌는 시간을 보냈다. 아이들은 매일 수학 시간이 이러면 좋겠다며 웃으며 얘기한다. 이런 아이들의 모습을 보니 나도 즐거움이 배가 된다.

## 마인드맵으로 개념 정리하기

2025년 6월 5일
쨍한 햇살에 눈부신 날

오늘은 아이들과 함께 마인드맵을 활용해 개념을 정리하는 활동을 해보았다.

"얘들아, 오늘은 마인드맵을 그려볼 거야."하고 말하자 아이들이 고개를 갸웃하며 묻는다. "마인드맵? 마음의 지도예요?"

나는 웃으며 "비슷해. 우리의 생각을 지도처럼 그리는 거라고 생각하면 돼."라고 설명해 주었다. 그러자 아이들이 "와, 재밌겠다!"라며 기대에 찬 눈빛을 보였다. 지금 배우고 있는 단원의 개념을 중심 주제로 두고 가지를 뻗어나가듯 정리하도록 했다.

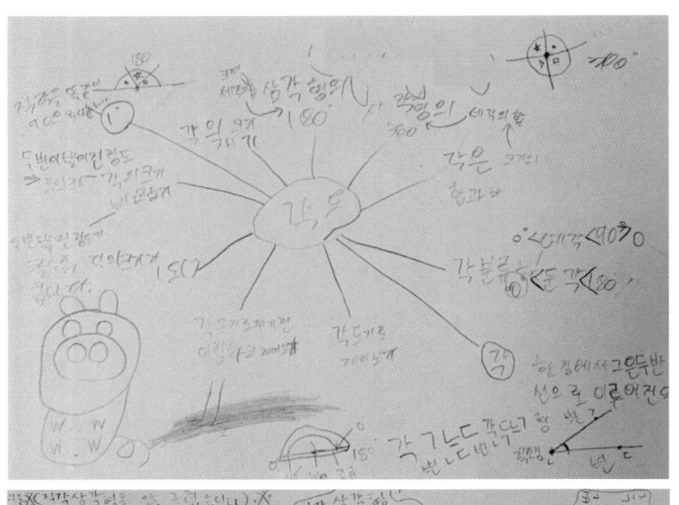

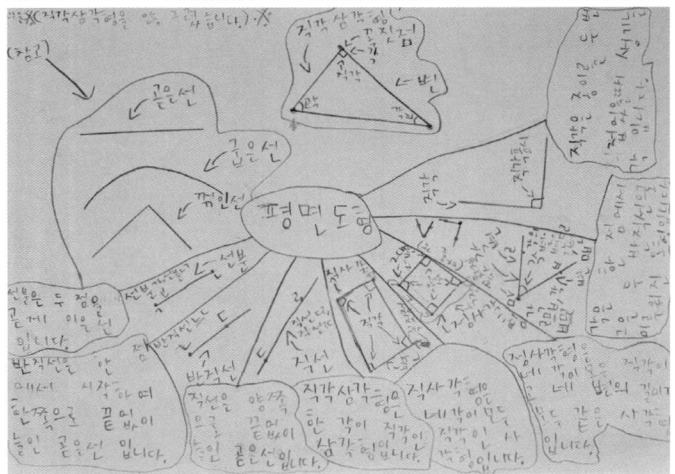

 처음 해보는 활동이라 조금은 서툴렀지만, 아이들은 작은 손으로 연필을 꼭 쥐고 꾹꾹 눌러가며 열심히 써 내려갔다. 생각이 술술 떠오를 때는 가지가 길게 뻗어나가고, 또 생각이 잘 나지 않을 때는 한참을 고민하며 한두 가지씩 조심스럽게 적어 나갔다. 그리다 보니 자신이 좋아하는 그림도 슬쩍 곁들이며 활동을 즐기는 모습이 참 귀여웠다. 골똘히 생각하며 정성을 다하는 아이들의 모습에서 배움에 대한 열정이 느껴졌다.

　마인드맵을 활용해 개념을 정리해 보면 내가 무엇을 알고, 또 무엇을 모르는지 스스로 확인할 수 있다. 이렇게 아이들 스스로 느끼고 깨닫는 경험이 얼마나 중요한지를 알기에 이 시간이 더욱 소중하게 느껴진다.
　오늘 마인드맵 그리기를 통해 아이들은 개념을 한 번 더 정리했고, 머릿속으로 차근차근 생각을 정리하는 과정이 자연스럽게 이루어졌다. 아마 이렇게 정리한 내용은 더 오래 기억에 남을 것이다.

　스스로 아는 것과 모르는 것을 구분하고, 생각을 시각적으로 정리해 보는 경험은 앞으로 수학 공부를 할 때도 큰 도움이 될 것이라 믿는다. 오늘도 아이들과 함께한 시간이 참 보람차고 즐거웠다.

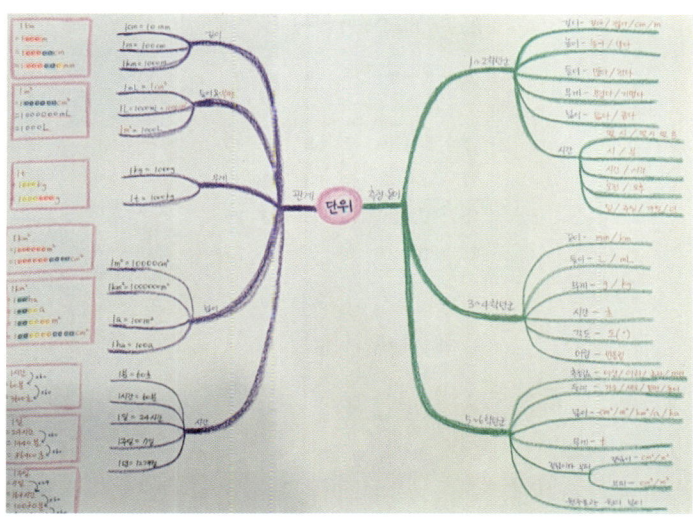

# 규칙 찾기의 재미와 원리

2025년 7월 13일
하루 종일 촉촉한 날

　초등 4학년 과정에서는 여러 가지 상황 속에서 규칙을 찾아내는 활동을 하는데, 대표적으로 달력에서 규칙 찾기를 한다. 달력을 보여주자 아이들은 반짝반짝한 눈으로 "어! 이거 알아요!" 하고 외친다. 맞다. 초등 2학년 과정에서도 달력에서 가로와 세로의 규칙을 간단히 배운 적이 있다. 그런데 4학년이 되면 조금 더 확장하여 대각선이나 이웃한 여러 수 사이에서 규칙을 찾아본다. 그런데, 단순히 규칙을 찾는 방법만 익히고 넘어가면 문제를 많이 풀어도 결국 왜 그런 규칙이 생기는지는 이해하지 못하게 된다. 그래서 이번 수업에서는 규칙이 생기는 원리를 이해하는데 초점을 맞추었다.

**달력에서 규칙 찾기**

| 일 | 월 | 화 | 수 | 목 | 금 | 토 |
|---|---|---|---|---|---|---|
|  |  |  |  | 1 | 2 | 3 |
| 4 | 5 | 6 | 7 | 8 | 9 | 10 |
| 11 | 12 | 13 | 14 | 15 | 16 | 17 |
| 18 | 19 | 20 | 21 | 22 | 23 | 24 |
| 25 | 26 | 27 | 28 | 29 | 30 | 31 |

$$6 + 7 + 8 = 7 \times 3$$
$$7 + 7 + 7 = 7 \times 3$$

출처: ChatGPT

예를 들어, 달력에서 테두리 안의 세 수의 합은 가운데 수의 3배가 된다. 그런데, 이 규칙에서 "왜 그럴까?"를 생각해야 한다. 달력에서 이러한 규칙이 생기는 이유는 오른쪽으로 갈수록 일정하게 수가 커지기 때문이다. 마지막 수에서 커진 만큼을 떼어 맨 처음 수에 합하면, 세 수가 모두 가운데 수와 같아진다. 결국 이웃한 세 수의 합은 같은 세 수의 합과 같으므로 가운데 수의 3배가 되는 것이다. 이런 내용을 설명해 주면 아이들은 "와~"하며 놀라워한다. 이러한 원리를 이해하지 못하면 아이들은 단순히 공식처럼 외우게 되고, 그러면 다른 응용문제가 나왔을 때 활용하지 못하게 된다.

## 달력에서 규칙 찾기

| 일 | 월 | 화 | 수 | 목 | 금 | 토 |
|---|---|---|---|---|---|---|
|  |  |  |  |  | 1 | 2 | 3 |
| 4 | 5 | 6 | 7 | 8 | 9 | 10 |
| 11 | 12 | 13 | 14 | 15 | 16 | 17 |
| 18 | 19 | 20 | 21 | 22 | 23 | 24 |
| 25 | 26 | 27 | 28 | 29 | 30 | 31 |

$$6 + 7 + 8 + 13 + 14 + 15 + 20 + 21 + 22 = 14 \times 9$$
$$+8 \quad +7 \quad +6 \quad +1 \qquad -1 \quad -6 \quad -7 \quad -8$$
$$14 + 14 + 14 + 14 + 14 + 14 + 14 + 14 + 14 = 14 \times 9$$

출처: ChatGPT

이 원리를 이해했다면 더 확장할 수도 있다. 테두리 안의 가로와 세로로 연속하는 수에서도 규칙을 찾을 수 있다. 한가운데 수를 기준으로 대각선과 위와 아래, 왼쪽과 오른쪽에 놓인 수에서 수가 커지는 만큼을 큰 수에서 떼어 작은 수에 합하면 테두리 안의 모든 수가 한가운데 수와 같아진다. 그러면 테두리 안의 모든 수의 합은 결국 한가운데 수를 9번 더하는 것과 같으므로 한가운데 수의 9배가 되는 것이다.

아이들이 이 원리를 이해하지 않고 문제를 풀면 단순히 눈에 보이는 방법만 외우게 된다. 그런데 이유를 알고 나면 아이들은 엄청나게 신기해하고, 그 순간 아이들의 얼굴에 비치는 깨달음이 참 소중하다. 그래서 다시한번 느낀다. 단순히 방법을 가르치는 것이 아니라, 그 원리를 이해할 수 있도록 돕는 수업이 정말 중요하다는 것을. 앞으로도 공식을 외우더라도 원리를 이해하고 외울 수 있도록 이끌어주는 수업을 많이 해야겠다고 다짐한다.

## 막대그래프, 눈금의 크기를 이해하는 순간

2025년 6월 19일
온 세상이 촉촉해진 날

오늘은 아이들과 막대그래프에 대해서 공부했다. 자료의 수를 막대의 길이로만 나타내면 되니까 너무 쉽다며 아이들은 자신만만해했다.
"선생님~ 막대그래프 너무 쉬운데요~"라며 싱글벙글한다.
그런데 곧바로 작은 혼란이 찾아왔다. 바로 눈금 한 칸의 크기가 달라질때, 막대를 몇 칸만큼 그려야 할지 헷갈리기 시작한 것이다.

출처: ChatGPT

　예를 들어, 나타내어야 할 자료의 수가 6일 때, 눈금 한 칸이 1을 나타내면 6칸으로 표현하면 된다는 것은 아이들은 바로 알았다. 그런데 눈금 한 칸이 2를 나타낸다면 몇 칸을 그려야 하냐고 묻자, 아이는 여전히 '6칸!'이라고 대답한다. 그래서 "왜 그렇게 생각했어?" 하고 물어보면 고개를 갸웃하며 자신 없다는 표정을 지었다. 아이들은 자료의 수를 눈금 칸 수와 1:1로 연결하여 생각하기 때문에 눈금 한 칸이 나타내는 크기를 생각하지 않고 무조건 자료의 수를 말하는 것이다. 그래서 우리는 막대그래프의 눈금을 하나씩 하나씩 그려 보았다

　"얘들아, 눈금 한 칸이 2를 뜻한다면, 1칸은 2, 2칸은 4를 나타내겠지. 그러면,

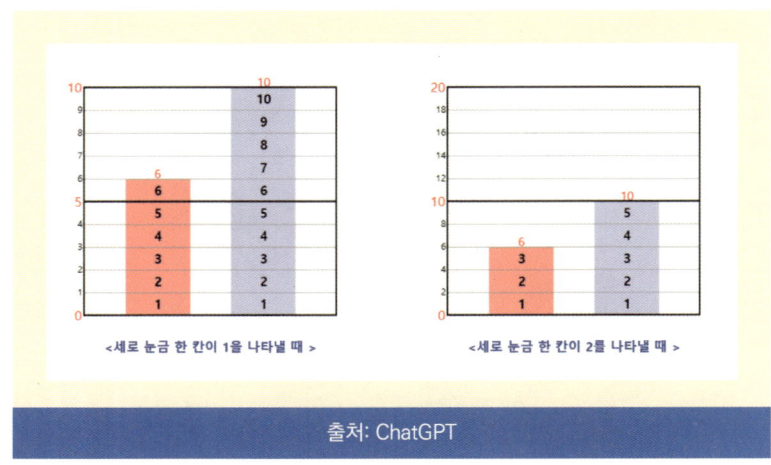

<세로 눈금 한 칸이 1을 나타낼 때 >    <세로 눈금 한 칸이 2를 나타낼 때 >

출처: ChatGPT

3칸은 얼마를 나타내는 것일까?" 라며 질문을 하니 바로 6을 나타낸다는 것을 알아챈다. 눈금을 하나씩 짚어보며 세어 보게 했더니 아이들이 하나 하나 세며 "2, 4, 6!"하고 소리 내어 말하면서 조금씩 이해하는 눈빛을 보였다. 눈금마다 적힌 수를 손가락으로 짚으며 확인하는 작은 활동이었지만, 그 순간 아이들의 표정이 점점 반짝이기 시작했다. 이 활동 후 "눈금한 칸이 5를 나타낸다면 20을 나타내려면 몇 칸으로 그리면 될까?" 하고 물었더니, 아이가 "4칸이요!" 하고 씩씩하게 대답한다. 이렇게 아이들이 스스로 깨달아가는 과정이 기쁘기도 하고, 아이들이 기특하기도 하다.

오늘 수업을 통해 다시 한번 느꼈다. 막대그래프는 단순히 막대를 높이 쌓는 것이 아니라, 그 눈금이 얼마를 나타내는지를 먼저 읽는 것이 가장 중요하다는 것을. 그리고 아이들이 자료를 단순히 '높이'만으로 비교하지 않고, 단위에 따라 정확히 읽을 수 있도록 작은 활동을 통해 천천히 안내하는 과정이 꼭 필요하다는 것도 말이다. 수업이 끝난 뒤에도 막대그래프를 한 번 더 살펴보는 아이들의 모습을 보며 마음이 따뜻해졌다. 오늘은 아이들과 함께 '눈금의 의미'를 하나씩 발견해 가는 소중한 하루였다.

# 직각은 똑바로야!

2025년 6월 25일
구름이 뭉게뭉게 피어난 날

책상 모서리
칠판 구석
직각은 언제나
똑바로 똑바로

팔을 쭉 펴고
꺾으면 딱!
'ㄱ'자처럼
정직한 각!

딱지는 직각 세상
화장실도 직각 세상
세상은 직각 천국

어디서든 찾아봐
우리 집, 학교, 놀이터
숨은 직각 찾는 재미
수학이랑 친구 돼요~

# 소수를 놀이처럼 배운 날

2025년 7월 3일<br>
뜨겁고 뜨거운 하루

　오늘은 아이와 함께 소수를 배워보는 특별한 놀이를 했다. 요즘 소수에 대해 배우고 있는데, 그림이나 설명만으로는 조금 어렵게 느끼는 것 같아서 직접 손으로 경험할 수 있는 활동을 해보기로 했다.

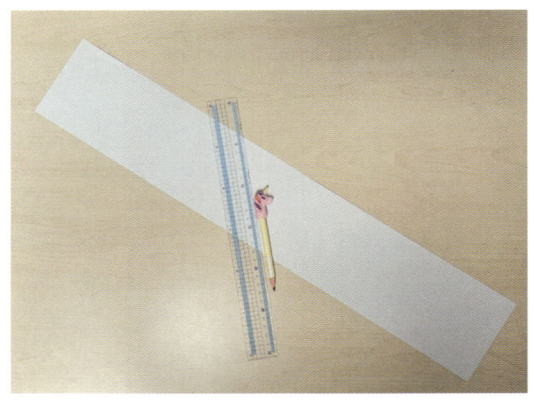

　나는 긴 종이와 자, 연필을 준비해 두고 아이를 불렀다.
　"공주야~ 우리 종이에 칸을 나누는 놀이를 해볼까?"
　놀이라는 말에 아이는 환한 얼굴로 달려왔다.
　"지금부터 이 긴 종이에 큰 자를 한 번 그려볼까?"
　이렇게 말하자, 아이는 자를 손에 들며 물었다.
　"엄마, 이런 자를 여기에 그린다고?"
　눈이 반짝이며 궁금해하는 모습이 참 귀여웠다.

우리는 먼저 자의 눈금을 살펴보고, 긴 종이에 0부터 1cm, 2cm, … 이렇게 칸을 나누어 보았다. 그리고 "0부터 1cm까지는 몇 칸으로 나누어져 있을까?"라고 묻자 아이는 바로 "10칸!"이라고 대답한다.

그래서 우리는 0부터 1cm까지를 똑같이 10칸으로 나누었다.

"여기서 중요한 건 '똑같이 나누는 거야'."

내 말을 들은 아이는 심혈을 기울여 칸을 아주 정성스럽게 나누었다.

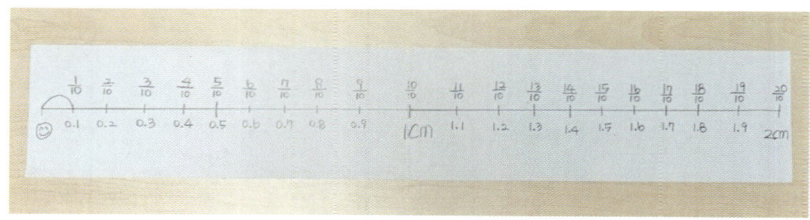

그렇게 나눈 뒤, 나는 다시 물었다.

"똑같이 10칸으로 나눈 것 중 1칸만큼은 분수로 어떻게 나타낼 수 있을까?"

"1/10!"

"맞아! 그걸 소수로 쓰면 0.1이라고 하는 거야."

"그럼 두 칸은?" "0.2!"

아이는 점점 신이 나서 한 칸 한 칸 세며 0.1, 0.2, 0.3…이라고 말한다. 그리고 0.1이 10개 모이면 1이 된다는 것도 직접 확인하며 "우와 진짜네!"라며 놀라워했다.

그리고 1보다 큰 소수도 이야기해 보았다. 1에 0.1이 5개 더 있으면 1.5가 된다는 걸 직접 그린 자를 보며 확인하니 아이는 이해가 잘 되는지 고개를 끄덕끄덕한다.

이렇게 직접 자를 그리고 눈금을 나누며 소수를 배우니 아이의 머릿속에 소수의 개념이 쏙쏙 들어가는 듯했다. 아이도 소수가 어렵게 느껴졌는데, 손으로 직접 해보니 훨씬 쉽게 이해된다며 좋아한다.

오늘 활동을 통해 다시 한번 느꼈다. 수학은 책 속의 글자가 아니라, 손으로 만지고 경험할 때 진짜 이해가 된다는 것. 즐거워하는 아이를 보며 아이와 함께한 이 시간이 내게도 참 소중하고 재밌는 시간이었다.

## 칠교 직접 만들어보기

2025년 5월 22일
따뜻한 햇살이 포근한 날

오늘은 곧 아이와 함께 할 칠교 활동을 준비하면서, 직접 칠교를 만들어보기로 했다. 사실 처음엔 그냥 사 올까 고민도 했지만, 직접 만들어보면 아이와 더 재밌게 활동할 수 있을 것 같았다. 무엇보다 내가 먼저 만들어봐야 아이에게 어떻게 알려 줄지 감이 올 것 같았다.

먼저 칠교를 만들려면 무엇이 필요할지 하나씩 떠올려봤다. 조각들이 어느 정도 단단해야 하니 택배 상자 같은 두꺼운 종이가 필요하고, 색깔을 예쁘게 입힐 색종이, 그리고 가위와 칼, 자, 풀, 테이프를 준비했다.

먼저 크기를 정했다. 한 변이 12cm인 정사각형으로 만들기로 하고, 탑배 상자를 자로 재어 잘랐다. 그리고 색종이도 똑같이 12cm 정사각형으로 잘라 준비했다. 이제 크기를 맞춘 색종이를 접어 칠교 모양을 만들어야 했다.

대각선으로 한 번 접으면 두 개의 큰 삼각형이 나오고, 또 다른 대각선으로도 반을 접어 선을 만들었다. 그리고 한 꼭짓점이 정사각형의 중심과 맞닿도록 접으니 작은 삼각형이 만들어졌고, 다른 한쪽도 이렇게 접으면 작은 삼각형과 사각형이 만들어진다. 그리고 평행사변형과 작은 삼각형은 크기를 잘 맞추어 선을 직접 그어 모양을 만들었다.

칠교 조각들은 색깔이 모두 달라야 더 예쁘다. 그래서 색종이 여러 장을 겹쳐서 한 번에 잘라 똑같은 모양을 여러 색으로 만들어냈다. 그리고 그 조각들을 잘라둔 두꺼운 종이 위에 하나씩 붙여 정사각형을 완성한 후, 그 모양을 따라 칼로 자르면 칠교 조각이 완성된다.

　조각을 예쁘게 담을 상자도 필요했다. 칠교보다 조금 더 큰 정사각형으로 만들고, 가장자리를 세워 테이프로 붙여 조그만 상자를 완성했다. 그 안에 조각들을 담으니 훨씬 깔끔했다.

　이렇게 칠교를 직접 만들어보니, 각 조각의 모양과 크기가 눈에 쏙쏙 들어왔다. 직접 만들어보니 재밌기도 했지만 생각보다 정성이 많이 들어가는 활동이었다. 그래서 완성했을 때 더욱 뿌듯했던 것 같다.

　이 활동을 아이와 처음부터 끝까지 함께 해보려고 하니 아이에게는 조금 어렵게 느껴질 부분도 있어서 함께 할 부분과 미리 준비해 둘 부분을 나누기로 했다. 칠교 조각을 붙일 두꺼운 종이와 담을 상자는 미리 준비하고 색종이를 접고 자르는 과정은 아이와 함께하면 좋을 것 같다.

　정성이 많이 들어갔지만 직접 만들어보니 '그냥 사면 되지'라는 생각이 싹 사라졌다. 손으로 하나하나 만들면서 배우는 재미도 있고, 아이와 함께하면 더 특별한 추억이 될 것 같다. 직접 만든 칠교가 훨씬 더 소중하게 느껴진다.

제목 : Easy한 분수

2025년 7월 21일          덥지만 하늘이 파랗게 맑은 날

3-2 분수를 복습했다.

$\frac{3}{4}$이 나타내는 것은 전체를 4로 나눈것 중에 3부분이 2난

것을 배웠다. =)

또 $1\frac{3}{5}$가 나타내는 것이 1과 줄라는 것도 알게 되었다. =)

그리고 분수는 숫자인 것을 알게되었다.


분수를 복습해보고 나니  내가 이렇게나

쉬운것을 하고있었던 것을 알게되었다.


$2\frac{1}{3}$ =

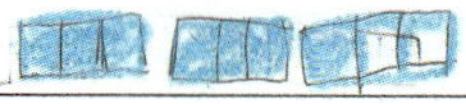

$\frac{3}{5}$ =

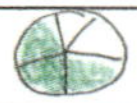

$3\frac{3}{5}$

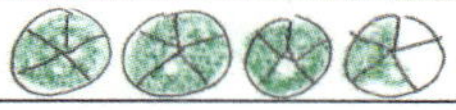

제목: 왔다 갔다 막대그래프

날짜: 2025년 7월 21일 월요일 날씨: 더움

오늘은 막대그래프를 한다. 막대그래프는 굉장히 어렵다 쉬울때도 있고 계속 왔다 갔다 거린다. 그리고 오늘 어려운 막대그래프문제가 틀려서 고쳤다. 하지만 굉장히 어려웠다.

문제: 각 반의 학생수가 모두같을때 안경을 쓴 학생이 가장 많은 반은 몇 반입니까?

초반에는 어려웠지만 선생님이 잘 가르쳐 주셨다.

막대그래프제목: 반별 안경을 쓰지 않은 학생수

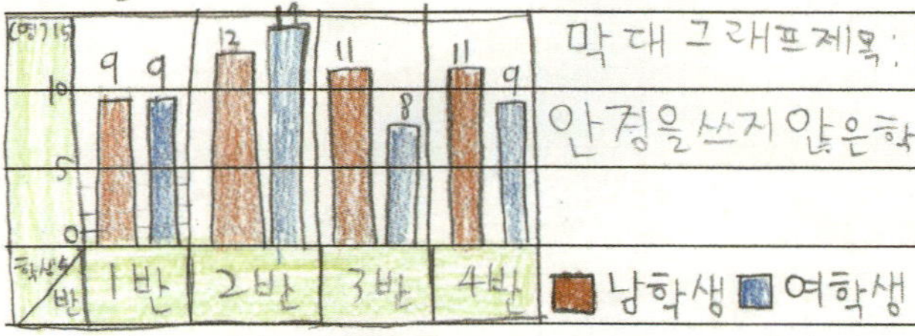

이었다. 내가 틀린이유는 막대그래프의 문제와 나타내는 것을 파악하지 못하고 적어서 틀린것이었다. 앞으로 문제와 나타내는것을 잘 읽어야겠다.

제목 : 평행사변형의 넓이가 헷갈렸지만 이해했어요

날씨 : 하늘에 구멍이 난것처럼 비가 나린 날    2025.6.12.

오늘 수학시간에 또 도형배웠다. 이번엔 평행사변형의

넓이라는 거였는데... 솔직히 수학은 재미없고어려워서

넘기고 싶었는데 오늘은 뭔가 좀 이상했다. 선생님이

밑변X높이만 하면 된다 했는데, 아니 평행사변형이

왜 직사각형처럼 구하는거지? 싶었다. 모양은 삐뚤빡한데

공식은 직사각형과 공식 똑같다 해서 더 헷갈렸다

수업 끝나고도 이해가 안되서 넘어가려고 하다가 집에

와서 색종이를 꺼냈다 가위로 잘라서 평행사변형

처럼 만들어 보았다 그리고 한쪽을 잘라서 반대편에

붙여가 정말 직사각형으로 변했다 가로 밑변이랑

높이 2개로 계산토해 봤다. 근데 진짜 되더라...

밑변X높이 하니까 넓이가 딱맞는거다 신기해서

몇개 더 만들어 보니 다맞음 그때종 놀랐다 아이거

진짜되는 거였어?

약간 감탄도 했음 사실

처음에는 헷갈리고 너무

머리 아팠는데 내가 절절 해보니 꽤 있었다 책에서 보는것
보다 만드는게 훨씬 낫다. 오늘 느낀건 그냥 외우지 않고
해보는게 낫다는거다 그래도 내일 또 새로운 오행배우면
또 헷갈리겠지 그래도 오늘은 수학이 조금은 쉽었다

2반 2과

직육면체의 겉넓이 구하는 세 가지 방법

2025년 7월 16일        햇볕이 뜨거워 땀이 샘솟는 날

오늘 수학 시간에 직육면체의 겉넓이를 구하는 방법을 배웠다.
모두 3가지 방법이나 있었다.
처음에는 쫌 헷갈렸는데 하나씩 해보니까 생각보다
쉽고 재밌었다!
한번 더 써보면 좋을 것 같아서 일기로 써본다.

첫번째 방법은 직육면체는 면이 6개이니까 6개의
면의 넓이를 다 구해서 더하면 된다.

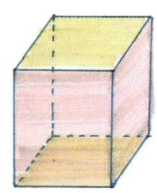
앞면, 뒷면, 옆면, 옆면, 윗면, 아랫면,
이렇게 6개의 면이 있는데 하나씩 넓이를
구하고 전부 더하면 겉넓이가 되는 것이다.
이 방법은 조금 귀찮았지만 그냥 다
구해서 더하면 되니까 제일 쉬웠다. 꺅↑

두번째 방법은 직육면체는 마주보는 면의 크기가 같다는
걸 이용하는 거였다. 마주보는 면이 넓이가 같으니까
6개를 모두 따로 구할 필요가 없고, 3개의 넓이만
구해서 더한 다음 X2를 하면 된다.
선생님이 똑같은 면이 2개씩 있기 때문에 2배를

엄청 강조하셨다. 그래서 지금도 생각이 난다. ㅎㅎ
이 방법은 넓이를 3개만 구해도 되니까 계산이
쫌더 쉬웠다.
세번째 방법은 전개도를 그려서 밑면 2개의 넓이와
큰 옆면의 넓이를 구해서 더하는 방법이다.
전개도 그리는 거 너무 어렵당 ㅠㅠ

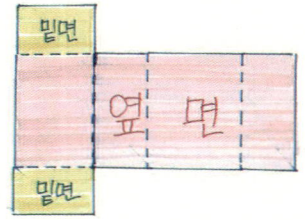

전개도를 그려보면 밑면이 2개,
옆면이 큰 직사각형이 된다.
그런데 큰 옆면의 가로 길이를
다 구하는게 쫌 어렵다.
선생님이 밑면의 4개의
길이와 같다고 설명해주셔서 쫌 쉬웠다.
전개도 그리는 것이 어렵지만 직접 그려보니까 훨씬
이해가 잘 되고, 퍼즐 맞추는 것 같기도 해서 재밌었다.
이렇게 3가지 방법을 정리해보니까 머리에 쏙쏙
잘 들어오는거 같다.
3가지 방법 중에서 나는 두번째 방법이 제일 좋은
것 같다. 계산이 제일 간단하기 때문이다. ☺
오늘 수학 시간에는 겉넓이를 구할 때 여러가지
방법으로 구할 수 있다는 것을 알게 되었다.
선생님은 3가지 방법으로 모두 구할 수 있어야 한다고
말씀하셨는데, 이렇게 적어보니까 좋은 것 같다.

부피 계산하다가 뇌까지 풀리겠네....

2025년 7월 1일 태양이 나를 구워버릴 듯한 날

이번에는 비와 비율 말고, "직육면체의 부피와 넓이"라는 새로운 단원을 배웠다. 그런데... 왜 비와 비율보다 더 어려운거 같지? 내 기분 탓인가 보다. 하며 해봤는데, 이건 그냥 지옥이였다. 1cm³는 한 모서리의 길이가 1cm인 정육면체의 부피를 1cm³라고 하고, 1세제곱미터라고 읽는다. 이것만 외우면 되겠지... 하며 보았는데, 아니었다. 이번엔 1m³라고, 거의 비슷한 단위였다. 생각해보니 쉬운거인줄 알았는데, 이것도 착각이였다. 1m인 정육면체의 부피를 1m³라 쓰고, 1세제곱미터라고 읽는다. 그리고 또 있었다. 이번엔 1m³와, 1cm³의 관계 였다. 이걸보고 난 '왜풀고, 뭐가 다르지?' 하며 보았다. 1m³는 1000000cm³라고 한다. 백만개 여서 좀 놀랐다. 그래서 나는 쉽게 생각을 해보았다. 예를 들어서, 7m³ = 7000000cm³라 하고, 9000000cm³는 ÷1000000를 하면 되니까, 9m³라는걸 알수있었다. 이렇게 생각해보니 좀 더 쉬운것 같다. 앞으로 부피 할때 이렇게 해봐야 겠다 ^^!

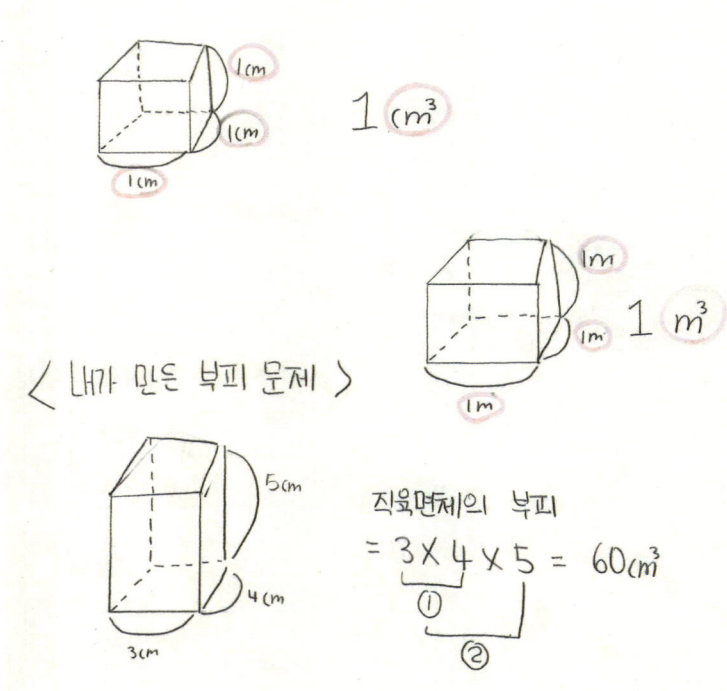

$1 \; cm^3$

$1 \; m^3$

〈 내가 만든 부피 문제 〉

5cm

4cm

3cm

직육면체의 부피

$= 3 \times 4 \times 5 = 60 \, cm^3$

① 

②

제목: 정비례그래프와 반비례그래프의 비교

날짜 2025년 7월 22일 날씨 햇빛이 뜨거워 매일 쌔쌘한 날

오늘 정비례와 반비례를 배웠는데 무슨 소린지 도통 모르겠다 뭐 항상 원점을 지난다였다 도저히 모르겠어서 수학책을 뒤져 보았다 그런데 열심히 보았는데 정비례와 반비례가 헷갈렸다 그래서 정비례 그래프 성질과 반비례 그래프 성질을 비교했다 먼저 그래프 모양을 비교해 보았다

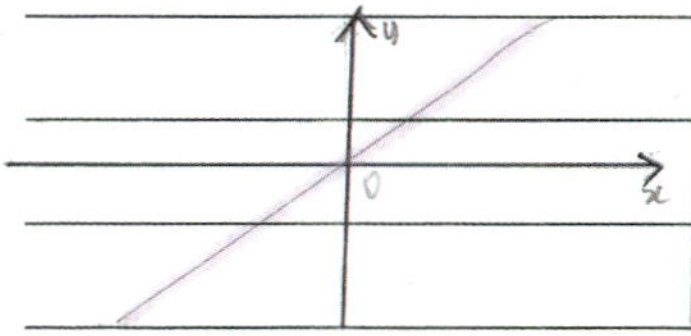


정비례 그래프

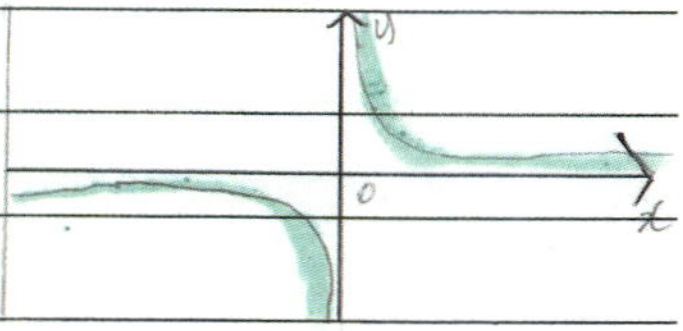


반비례 그래프

모양은 확실히 달랐다 그리고 이제 진짜 비교를 해보았다

| 정비례 그래프의 성질 | 반비례 그래프의 성질 |
|---|---|
| 1. 항상 원점을 지난다 | 1. 좌표축에 가까워지면서 한없이 |
| 2. $\lvert a \rvert$ 값이 클수록 y축에 가깝다 | 뻗어나가는 부드러운 곡선이다 |
| $a>0$일때 x값↑시 y값↑ 제1,3사분면 | 2. $\lvert a \rvert$ 클수록 원점에서 멀다 |
| 을 지난다 $a<0$일때 x값↑시 y값↓ 제2,4 | 3. 두 곡선은 x축, y축과 만나지 |
| 사분면을 지난다 | 않는다 $a>0$일때 x값↑시 y값↓ |
| | 제1,3사분면을 지난다 |

$a < 0$ 일때 $x$값 $\uparrow$시 $y$값 $\uparrow$

제2;4분면을 지난다

이렇게 비교해보니 정비례와 반비례가 꽤나 쉬웠다

적어도 이번단원은 쉽게 넘어갈수 있겠다

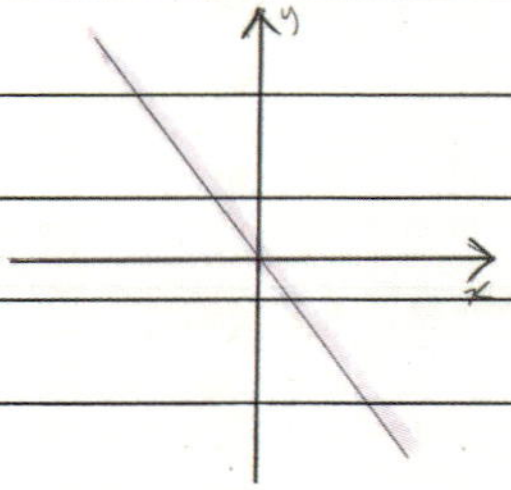

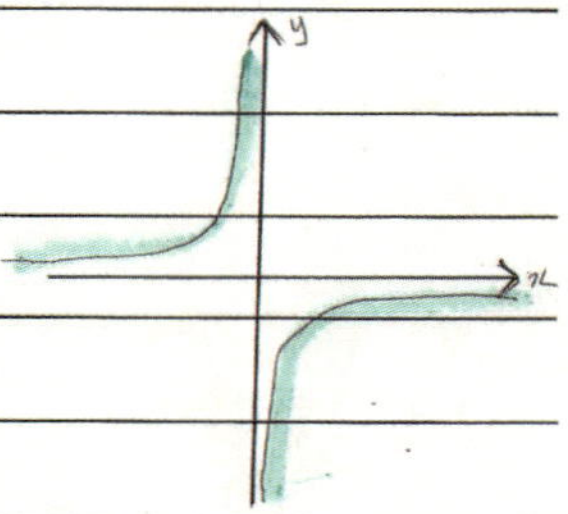

제목 : 직교와 수직 & 수선을 배운날

날짜 7/26 (토)    날씨 더위서 에머런 18도로 틀로싶은날

학교에서 직교와 수직 그리고 수선을 배웠다 수직은 수직 낙하 할때
들어본것같기도한데 모르겠다 그래서 인터넷에 꼭 꼭 검색을 했더니
그제서야 알겠다 직교는 두직선 AB와 CD의 교각이 직각일때
두직선이 서로직교한다 하고 기호로는 $\overleftrightarrow{AB} \perp \overleftrightarrow{CD}$ 로 나타낸다

수직과 수선 직교하는 두직선을 서로
수직이라 하고 한직선을 다른 직선의
수선 이라고 한다 인터넷에
검색을 하고 일기에 적으니
이해가 쏙쏙 되었다 이렇게

열심히 공부 했으니 월요일날 이관련 문제가 나와도

잘 풀수있을것 같다

# 에필로그

이 책을 모두 쓰고 난 지금, 가장 먼저 떠오르는 것은 아이들의 웃는 얼굴입니다. 처음엔 '수학일기를 쓴다'는 말에 의아한 표정을 짓던 아이들이, 조금씩 자신만의 언어로 수학 이야기를 적어 내려가며 성장해가는 모습을 보는 건 정말 큰 기쁨이었습니다. 아이들은 틀린 문제도 부끄러워하지 않고, "여기서 헷갈렸어요"라고 솔직히 적었습니다. 그리고 그 일기를 다시 읽으며, 스스로 다시 한 번 이해하고 넘어가는 모습을 볼 때 수학일기의 진짜 힘을 느낄 수 있었습니다.

이 책은 단순히 선생님이 아이들에게 주는 지식의 기록이 아니라, 아이들이 스스로 만들어낸 배움의 발자취입니다. 짧은 한 줄의 일기에도 아이의 고민, 발견, 그리고 작은 성취감이 담겨 있습니다. 이 과정을 지켜보며, '배움'은 정답을 맞히는 것만이 아니라, 스스로 생각하고 표현하며 조금씩 성장하는 시간임을 다시금 깨달았습니다.

함께 마음을 모아 수학일기를 만들어준 선생님들, 관심과 응원을 보내주신 학부모님들,그리고 무엇보다 즐겁게 참여해준 아이들이 있었기에 이 책이 완성될 수 있었습니다. 여러분의 한 걸음 한 걸음이 모여 큰 길이 되었고, 그 길 위에 이 책이 놓일 수 있었습니다.

이 책이 아이들에게는 수학을 조금 더 친근하게 느끼게 하는 계기가 되길 바랍니다. 또한 학부모님과 선생님들께는 '아이들이 스스로 배우는 힘을 키울 수 있는 방법'에 대해 작은 영감을 드릴 수 있기를 바랍니다.

마지막으로, 수학일기를 통해 배운 건 아이들에게 필요한 건 '더 많은 공부'보다 자신의 배움을 되돌아보고 정리할 수 있는 여유와 기회라는 사실입니다. 이 책이 그런 시간을 만들어주는 작은 출발이 되면 좋겠습니다.

수학일기를 쓴다는 건
단지 배운 내용을 기록하는 것을 넘어
아이 스스로 한 번 더 생각해보고,
스스로의 말로 정리해보는 과정입니다.

이 조용한 되새김질이
개념을 더 깊게 이해하게 하고,
오랫동안 기억에 남게 합니다.

# 꿈꾸는
# 수학 일기로
# 자란다

최지은 지음

# 프롤로그

## 느린 아이를 키우는 엄마의 마음

첫째 아이는 또래처럼 ㅈ라고, 둘째 아이는 조금 더 느리게 자라고 있습니다.

둘과 함께하는 일상 속에서 저는 오랜 시간 '엄마표 공부'라는 이름으로 수학을 배우고, 익히고, 때론 웃고, 때론 울기도 했습니다.

처음 수학 일기를 써볼까 생각했을 때, 아이들이 쓴 초등학교 일기를 찾아봤어요.

틀에 얽매이지 않고 자유롭게 쓰인 글들 속에는 수학이 어렵다는 솔직함도, 재미있다는 웃음도 담겨 있었지요.

그 무한한 상상력과 감정들이 참 좋았고, 저 역시 더 자유롭게 써보자 마음먹었습니다.

둘째 아이가 느리다는 이유로 많은 고민과 시도를 해왔습니다.

지금도 더 나은 방법을 찾기 위해 하루하루 애쓰고 있고요.

그런 시간이 쌓여 이 글이 되었습니다.


때로는 불안했고, 때로는 나만 뒤처지는 것 같아 마음이 무너졌지만, 그럴 때마다 다시 아이를 바라보며

조금 더 천천히, 조금 더 다정하게 걸어야겠다고 다짐했습니다.

앞으로도 늘 같은 마음일 거예요.

"혹시 아이에게 더 잘 맞는 방법이 있을까?"

"오늘 하루, 아이와 내가 함께 웃을 수 있을까?"

이런 생각을 하며 아이를 이해하고 안고 살아가는 엄마로 남고 싶습니다.

이 이야기가 누군가의 지친 마음에 작은 위로가 되기를 바라며, 저의 소중한 날들을 천천히 펼쳐 보려 합니다.

느린 아이를 사랑하는 엄마가

# 카드 놀이로 자리 수를 알아보자!

2025년 1월 3일 금요일
구름이 햇님을 가둔 날

오늘은 아이와 카드로 자리 수 만들기도 하고 문제도 풀어봤다.
"3장의 카드로 세 자리 수를 만들어 보자."

"여기 2, 6, 9 카드에서 백의 자리가 2일 때 십의 자리에 6을 고르면 일의 자리는 9이고, 십의 자리가 9이면 일의 자리는 6이 된다."

"백의 자리 2는 그대로 두고 나머지 수를 번갈아가며 바꾸는 거야."

"백의 자리가 6일 때도 9일 때도 마찬가지이고…"

그래서 만들 수 있는 수는 269, 296, 629, 692, 926, 962라는 것을 알게 되었다.

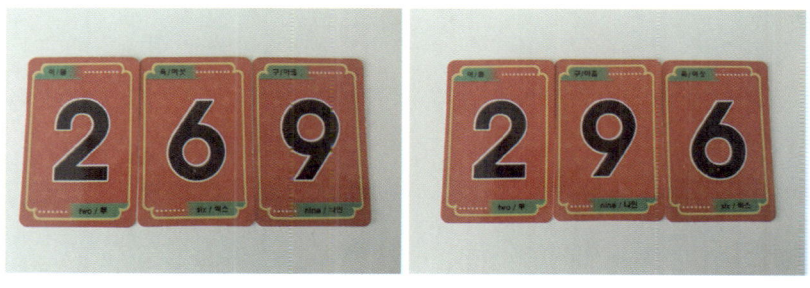

"이 중에서 가장 큰 수는 뭘까."

"생각을 잘 해서 천천히 대답을 해야 한다."

"숫자 9가 큰 수이니까 962."

급하게 말해서 틀린 적이 많은데 여러번 연습을 하니까 실수가 점점 줄어드는 것 같다.

"가장 작은 수는?"

"2가 가장 작으니까 269요!" 두 번째는 망설임 없이 바로 대답을 했다.

같은 그림 찾기 카드 놀이를 해 본 적이 있어서 재미있고 어렵지 않게 할 수 있었다.

느린 아이를 가르치다보니 아이의 수준에 맞추는 게 더 효과가 있다는 생각이 자주 든다.

또래보다 늦더라도 시간이 으래 걸려도 조금씩 알아가는 아이를 보면 반드시 해낼 거라 믿어 의심치 않는다.

## 받아올림 덧셈도 어렵지 않아!

2025년 4월 11일 금요일
햇님이 수줍은 날

받아올림이 없는 덧셈을 할 때는 문제를 반복해서 풀다 보면 외워져서 아이가 어렵지 않게 배울 수 있었는데 받아올림이 있는 덧셈을 하려니까 둘째 아이가 안 한다고 고집을 부렸다.

"일의 자리 두 수를 더해서 10이 넘으면 받아올림을 해야 한다."
아직 10 만들기도 빨리 생각이 안 나고 시간이 오래 걸리기 때문에 차근차근하기로 마음먹었다.

"십의 자리 위에 1을 쓰고 십의 자리 두 수하고 1을 더해보자."

아이는 왜 두 수만 더하지 않고 받아올림 한 1도 같이 더해야 하는지 갑자기 하기 싫어서 짜증을 냈다.

"십의 자리 위에 쓰는 1은 원래 1이 아니고 10인데 1을 쓰는 거야." 화내지 않으려고 참느라 애를 썼다.

"28 더하기 84는 일의 자리끼리 8과 4를 더하면 12니까 10이 넘네. 십의 자리에 받아올림한 1을 쓰고 일의 자리에는 2를 쓴 다음 받아올림한 1인 10과 십의 자리 20하고 80을 더하면 110이 되거든…"

"그래서 답은 112야."

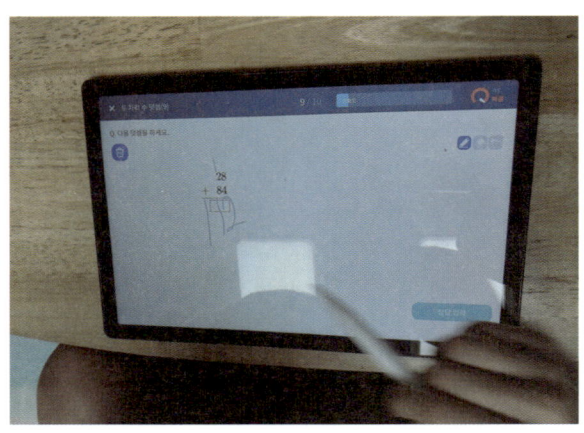

자세하게 천천히 설명을 하면 문제가 좀 길어도 어느 정도는 알아듣는 것 같다.

계속 실랑이하다가 혼이 나고 할 거면서 말을 안 들으니 어떤 방법을 써야하나 늘 고민을 한다.

오래 하는 거 반복하는 거 싫어서 두 배 세 배 힘이 들지단 세상에 쉬운 일은 없다고 생각하면 매일 매일이 새로운 도전인 것 같다.


## 돈을 모아 계산해볼 수 있어!

2025년 1월 24일 금요일
햇빛이 반짝반짝 쏟아지는 날


수학 문제에 지폐와 동전이 나와서 나중에 계산은 할 줄 알아야 하니까 아이한테 평소보다 더 열심히 가르쳤다.

"지폐는 오만원, 만원, 오천원, 천원이 있고 동전은 500원, 100원, 10원이 있는데…" 전에 마트에서 본 적이 있으니까 호기심이 가득하다.

"동전 100원이 10개면 100, 200, 300… 100×10=1000이니까 1000원이고 100원이 5개는 100, 200, 300… 100×5=500이므로 500원이란다."

"지폐 10000원이 5장이면 10000, 20000, 30000… 10000×5=50000 50000원이고 1000원이 5장이면 1000, 2000, 3000… 1000×5=5000 5000원이지."

수가 커서 하나씩 세어가며 설명을 하고 곱하기는 학교에서 배웠기 때문에 많이 어렵지 않겠다고 생각했다.

아이와 간단한 계산 문제를 풀어봤다.

문방구에서 500원짜리 지우개 한 개와 1000원짜리 공책 한 권을 사고 2000원을 내면 거스름돈은 얼마입니까?

"지우개와 공책을 각각 하나씩 샀으니까 500원하고 1000원을 더한 다음 낸 돈 2000원에서 더한 것을 빼면 500원을 거스름돈으로 받으면 된단다."라고 설명했다.

다음에 아이와 같이 마트나 문방구를 가면 간단한 계산은 직접 하게 하고 영수증을 받아서 확인을 해본다면 더 잘할 수 있을 것 같다.

앞으로도 느린 아이에게 필요한 공부 방법을 찾고 경험을 공유할 수 있는 엄마가 되도록 노력해야겠다.

## 구구단, 블록으로 세어볼래?

2024년 10월 15일 화요일
비가 꽃들에게 물을 주고 가는 날

첫째 아이는 구구단송 동영상을 계속 보여주면 따라 부르고 빨리 외워서 내가 가르치기가 참 편했던 것 같다.
반면에 둘째 아이는 자기가 좋아하는 영상만 보려고 해서 쉽지가 않다.

구구단표를 문에 붙여놓았더니 둘째가 전에는 관심이 없었는데 어디서 본 적 있는지 아는 척을 한다.

"엄마, 3 곱하기 5는 15예요." 뭔지 정확하게 알지 못해도 너무 자신 있게 말하니까 "그래, 맞아! 잘했어."라고 칭찬을 하게 된다.

오늘은 평소에 가지고 노는 블록으로 2단을 가르쳐봤다.

"두 개씩 묶어 세어보자. 2가 한 묶음이면 두 개, 2가 두 묶음이면 네 개…."

좋아하는 장난감으로 하면 책으로만 공부할 때보다 집중하는 게 더 낫다.

"개수를 똑같이 묶어야 해. 두 개 또 두 개….”

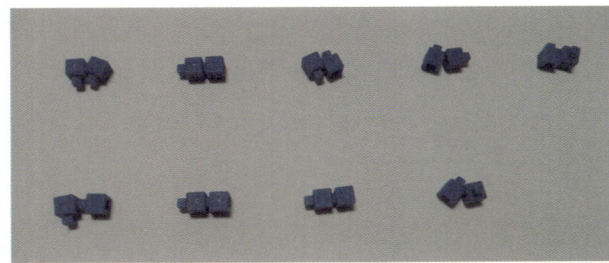

"2 더하기 2는 4이니까 그 다음은 2 더하기 2 더하기 2는 6이지.”

수가 적을 때는 더하기 쉬운데 많아지면 연습을 더 자주 해야겠다.

뭐든 여러 번 반복하다 보면 가뭄에 콩 나듯 어떨 땐 좀 잘하는 것 같다. 부족하다는 생각에 매일 공부를 해서 그런지 오늘도 해야 하나보다 생각하는 아이가 기특하다.

# 분수, 색종이로 쉽게 나눠보자!

2025년 7월 3일 목요일
바람이 산책하러 나온 날

첫째 아이와 예전에 같이 분수를 공부하다가 크게 싸웠던 기억이 난다.
재미도 없고 연산을 하는 과정은 복잡하고 반복해서 풀기가 번거로웠기 때문이었다.

둘째는 지도사 과정에서 배운 수업을 활용해서 직접 가르쳐봤다.

"오늘은 색종이로 분수를 배워보자."
분수가 뭔지 몰라도 만들어서 보여주면 알 것 같았다.

"색종이 한 장이 크니까 4분의 1로 자르고 그것을 똑같이 나누는 거야. 네 개 중의 하나가 4분의 1이란다."

막 아무렇게나 하는데 "모양과 크기가 같게 천천히 잘라야 해."라고 말했다.

"똑같이 자르는 방법은 여러 가지가 있어. 우리는 그중에서 세 가지를 하보자. 하나는 가로로 자르고 또 하나는 세로로 자르고 세 번째는 교차하서…."
지루하지 않은지 곧잘 따라 한다.

 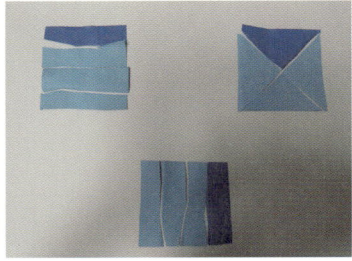

"다 자른 것은 공책에 붙이고 나눈 부분이 잘 보이게 줄을 그어 볼래?"
삐뚤빼뚤해도 자신있게 열심히 하려는 모습이 사랑스럽다.
둘째 아이는 원래 성격이 급하고 산만한데 끝까지 마무리해서 뿌듯하다.

어릴 때 따라 오리기를 많이 해보면 색종이로 분수 만들기는 어렵지 않게 배울 수 있겠다.

지금은 몇 분의 몇이라는 말을 잘 몰라도 다음에 몇 번 더 배우면 느린 아이도 얼마든지 할 수 있는 것처럼 반복이 습관이 되어 불가능도 가능하게 하는 것 같다.

# 어떤 것이 더 길까?

2025년 3월 28일 금요일
햇살이 솜사탕처럼 몽글몽글 퍼지는 날

오늘 둘째가 학교에서 길이재기를 배웠나보다.

손의 뼘으로 갑자기 엄마 팔을 쟀다고 난리인데 대충대충이다.

공부가 아닌 놀이라고 생각하는 것 같다.


"뼘은 손을 쫙 벌려서 정확하게 재야 해." "뼘과 뼘 사이는 붙이고…."


"엄마, 센티미터… 이거는 5센티미터야."

아이는 칭찬이 받고 싶어서 큰소리로 자랑했다.


"5센티미터 아닌데… 그래도 잘했어."

틀려도 말이 늦게 트여서 요즘 아이가 질문을 자주 많이 하니까 신기하고 그동안 열심히 매일 공부 가르친 보람도 느낀다.


"자로 잴 때 자의 눈금 0을 잘 맞추고 눈금과 가까운 쪽에 있는 숫자를 읽는 어림을 할 때는 숫자 앞에 약을 꼭 써야 한다."

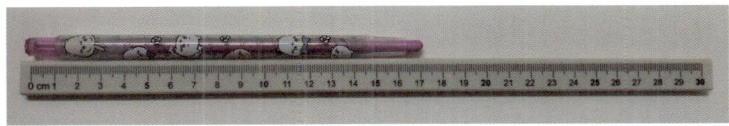

공부할 때마다 책을 잘 보고 있는지 잘 알아들었는지 확인을 해야 안심이 된다.

"책은 가로가 짧고 세로가 길구나! 그런데 텔레비전은 가로가 길고 세로가 짧네."

"어떻게 뭐로 재야 할까? 자로 잴 수가 없는 건 줄로 재어보자."

"줄을 책에 맞추고 가위로 잘라서 가로와 세로 어느 게 얼마나 더 긴지 짧은지…."

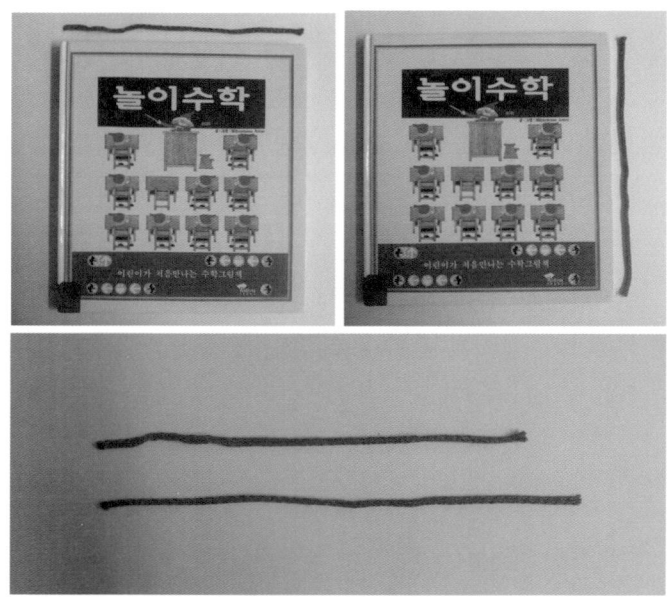

아이랑 같이 하니까 공부라는 목표가 있어서 미션 같고 재미가 있다.

앞으로 어떻게 가르쳐야 하나 참 고민이 많았었는데 하루 한 가지씩만 해내도 뿌듯하다.

# 놀면서 각도를 배워볼까?

2025년 6월 10일 화요일
빗방울이 노래하는 날

각도란 각의 두 변이 벌어진 정도. 즉, 각의 크기를 나타내는 양을 말한다.
엄마가 같이 공부하니까 아이의 수준에 맞는 더 나은 방법으로 가르칠
수가 있는 것 같다.

아이에게 먼저 각의 그림을 보여주면서 차근차근 설명했다.
설명이 어렵거나 길거나 빠르면 안 된다는 건 여러 번의 실패 끝에 찾아
낸 나만의 방법이다.

"자, 그림을 보면 각의 변이 드 개가 있고 각의 꼭짓점이 하나 있어."

나무젓가락 두 개를 책상에 놓고 각을 만들어 변과 변 사이가 각이라고
말하니까 재미가 있는지 관심 있게 본다.

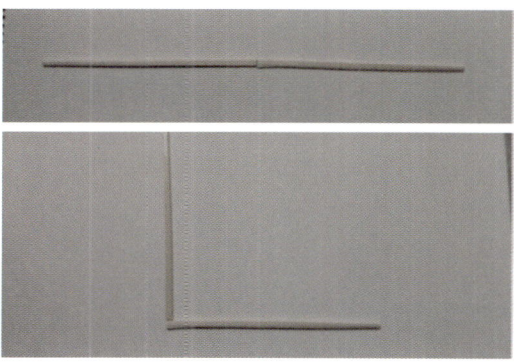

"그러면 우리 색종이를 가지고 여러 가지 각도를 한 번 만들어 볼까?"

평소에도 종이접기를 좋아해서 보는 눈이 반짝반짝하다.

"색종이를 반을 두 번 접으면 90도이고, 한 번 접은 것은 180도야."

책이나 영상을 오래 못 보는 집중력이 약한 아이는 말로만 하기보다 각도에 표시를 해주는 게 효과적이다.

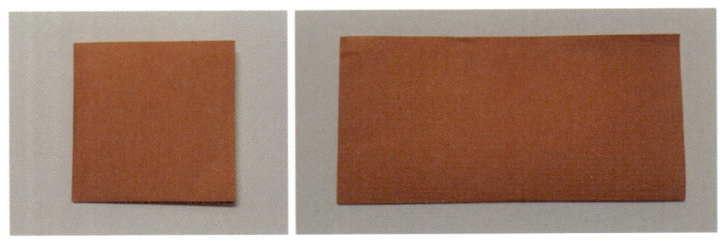

"그다음은 삼각형을 세 개로 나누어서 그리고 가위로 잘라보자."

공부할 때와 다르게 열심히 하는 모습이 대견스럽다.

"다 합쳐서 붙이면 180도가 된단다. 그래서 삼각형의 세 각을 모두 더하면 180도이고…."

마치 미술 시간인 것처럼 엄마도 가르치기가 수월하다.

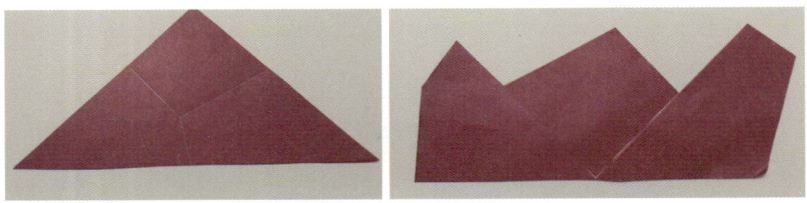

# 시계를 돌려서 시간을 배워보자!

2025년 4월 15일 화요일
햇님이 씽긋 웃는 날

오늘은 아이와 같이 집에서 시계 보기 연습을 했다.

학교와 센터에서 배운 적이 있지만 엄마가 한 번 더 가르쳐주면 좀 더 확실하게 알 수 있을 것 같아서이다.

일상생활에 꼭 필요하니까 시계 교구를 가지고 직접 해보았다.

"시간은 오른쪽 방향으로 원을 그리면서 가니까 숫자를 같이 읽어 보자 한 시, 두 시, 세 시… 열두 시."

숫자를 알아서 잘 따라 하고 책이 아닌 교구로 하니까 재미가 있나 보다.

"긴바늘이 12이고 짧은 바늘이 1이면 한 시야."

이유를 자세하게 설명해주면 더 좋겠지만 아직 이해가 부족해서 설명을 생략할 때도 있다.

"그 다음은 30분을 배워 보자."

"1시 30분은 1시가 지났기 때문에 짧은 바늘이 1과 2 사이이고 긴바늘은 6이야." 30분은 헷갈릴 수 있어서 한 번 더 강조를 한다.

모르는 걸 계속 붙잡고 있지 않고 다음번에 다시 하는 게 더 나을 것 같다.

둘째 아이는 새로운 것을 안 배우려고 할 때가 많지만 막상 알게 되면 잘하기도 한다.

재미있고 좋아하는 것만 자주 해서 하기 싫어하는 것도 관심을 유도하려고 여러 가지 방법을 쓴다.

그래서 지금은 안 되어도 나중에 된다는 생각으로 포기하지 않고 끝까지 잘해야겠다.

# 정육면체를 펼쳐보자!

2025년 5월 11일 일요일
빗방울 친구들이 놀이터에 온 날

초등수학지도사 선생님께서 정육면체 전개도를 그려보라고 하셨다.

여기저기 찾아봤는데 어떤 엄마가 정말 신박한 아이디어르 아이에게 가르쳐주는 유튜브 영상이 있었다.

아이가 좋아하는 네모난 자석 블록을 가로로 놓고 위 아래 블록을 이동하면 되어서 간단하고 가르치기가 쉬웠다.

같은 패턴이 몇 가지가 있으며 반드시 순서대로 해야 암기에 좋다.

내가 전개도를 그리니까 둘째 아이가 따라 하는데 비슷한 것 같으면서 자기 마음대로다.

그래도 틀렸다고 하지 않고 "잘하네."라고 칭찬을 하면 더 신이 나서 열심히 그린다.

어릴 때는 남에게 관심이 별로 없어서 늘 혼자만 하다가 요즘 자꾸 같이 하자고 해서 많이 컸다는 생각이 든다.

"우리는 네모 젤리로 전개도를 만들어 볼까? 1번, 2번… 11번까지."

"빨리 하지 말고 천천히 순서대로 정확하게 해보자."

"지금은 놀이 시간이 아니니까 장난치지 말고 집중하고…."

아직 정육면체를 잘 모르니까 어려울 수가 있어서 평소에 많이 접하는 비슷한 물건을 보여주고 쉬운 말로 설명을 했다.

한 번에 잘하는 경우는 거의 없고 여러 번 반복을 해야 한다.

엄마가 관심을 가지고 찾아보고 직접 하면 아이와 같이 하는 수학 공부도 재미가 있는 것 같다.

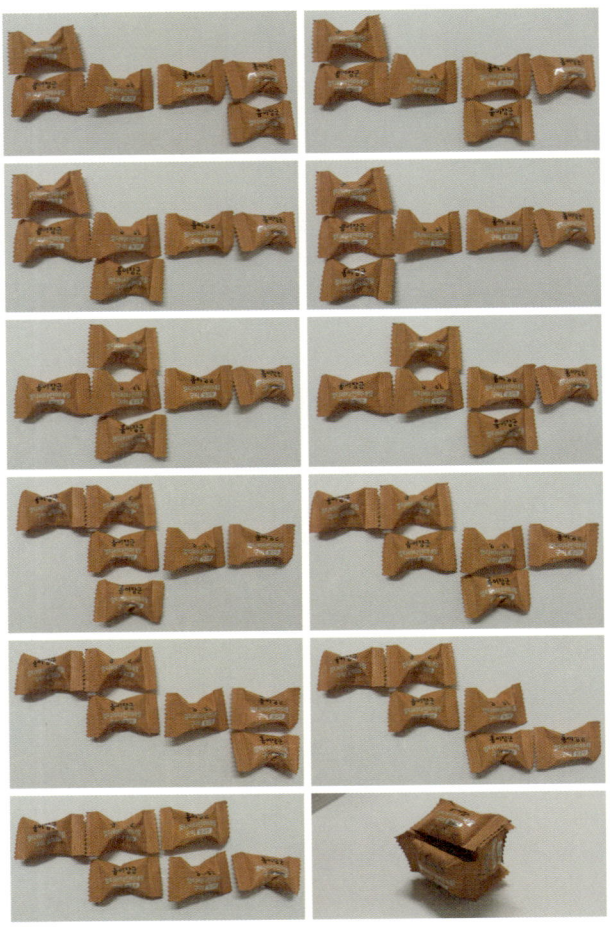

# 칠교로 만드는 도형은 정말 재미있어!

2025년 3월 14일 금요일
햇살이 포근하게 감싸는 듯

칠교판은 큰 정사각형인데 큰 직각삼각형 두 개, 중간 직각삼각형 하나 작은 직각삼각형 두 개, 정사각형 하나, 평행사변형 하나로 나누어져 있다. 7개의 도형 조각을 모두 사용하여 여러 가지 모양을 만드는 놀이이다.

구성에 대해 하나하나 설명을 하고 아이와 같이 도안을 보며 따라 해봤다.

"이것은 삼각형인데 각이 90도여서 직각삼각형이고 네 변의 길이가 같은 정사각형 그리고 삐뚤빼뚤하게 생긴 건 평행사변형이야.'
학교에서 아직 배우지 않아서 새로워도 여러 가지 모양을 아니까 궁금해 하는 것 같았다.

"먼저 칠교판으로 정사각형, 삼각형, 평행사변형을 만들어 볼까?"
평소에는 안 한다고 난리인데 오늘따라 바로 해서 신기했다.

  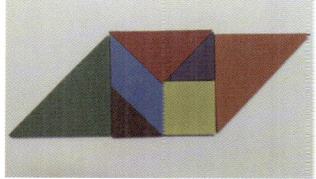

어릴 때 바빠서 많이 못 놀아준 게 늘 미안하고 신경 써주지 못해서 느린 것 같아 더 늦기 전에 많이 해줘야겠다는 생각이 들었다.

지금이라도 놀이를 배우려고 하는 아이를 보면 그래도 다행이다 싶다.

"여기 나무 모양, 집 모양을 해보자."
"위에서부터 순서대로 맞추는 거야."

"제대로 배우면 다음에 혼자서 할 수 있겠다."
아이는 다 완성하니까 기분이 좋은지 방긋 웃었다.

장난감에 별로 관심이 없고 단순한 놀이만 할 줄 알았는데 내가 꼭 해줘야
겠다고 마음먹고 실천을 해서 그런지 아이도 조금씩 좋아지는 게 보인다.

칠교판이 휴대하기도 보관하기도 편해서 어디든 가지고 다니면 심심할 때
얼마든지 할 수 있기 때문에 좀 더 다양한 도안이 없나 또 찾아봐야겠다.

# 쌓기나무 몇 개일까?

2025년 3월 22일 토요일
하늘이 꾸물꾸물한 날

쌓기나무 문제를 풀다가 아이한테 교구로 가르쳐주면 좋겠다는 생각이 들었다.

처음이라 도안을 보고 쉬운 것부터 같이 만들어봤다.

"1층에 3개를 나란히 놓고 가운데 쌓기나무 위에 1개를 더 놓아볼래?"
어렵지 않아서 아이 혼자서도 금방 해내니까 오늘은 말을 잘 듣는다.

"이번에는 수를 세어보자. 앞에서 보면 몇 개가 있지?"
"4개요."

"앞과 뒤는 잘 보면 개수가 똑같거든. 그래서 앞의 개수에 2를 곱해도 된단다."

"그러면 위에는 몇 개지?"
"아래도 위의 개수랑 같구나."

"3개씩 있어요."

바로 이해하고 빨리 대답을 하면 나도 아이와 싸우지 않아서 마음이 편안하다.

경험을 통해 기초부터 아는 게 중요함을 다시 한번 깨달았다.

"양옆도 두 개씩이네."

"다음에 책에 문제가 나오면 앞, 뒤, 양옆, 위와 아래의 보이는 개수를 세어서 쓰고…."

언젠가는 방법을 알면 보이지 않는 것도 상상해서 풀 수 있을 것이다.

'나중에 아이가 엄마랑 전에 같이 공부하고 놀이했던 경험을 떠올리며 고마운 마음에 흐뭇해하는 날이 올까?'

아이한테 정말 도움이 되려면 내가 공부도 열심히 하고 어떻게 가르쳐야 하는지 잘 알아서 항상 정성을 들여야겠다고 다짐해본다.

# 서술형 문제, 네 안에 답이 있어!

2025년 6월 28일 토요일
해님이 내 머리 우에서 장난치는 날

초등수학에 아이들이 가장 어려워하는 것은 서술형 문제이다.
어떻게 풀고 가르칠 것인지 고민인데 읽기 싫어하고 대충 읽어 많이 틀린다.

이렇게도 저렇게도 해보다가 엄마인 내가 찾은 방법은 문제의 중요한 부분에 표시를 하며 천천히 잘 읽고 구하고자 하는 것이 무엇인지 정확하게 파악해서 문제 속에서 답을 찾게 했다.

"문제를 읽을 때 중요한 쿠분에 표시를 하고… 천천히 읽어야 이해가 더 잘 된단다."

"물어보는 게 뭐지?" 아이가 처음부터 끝까지 다 봤나 궁금해서 중간중간에 질문을 자주 한다.

"모르겠으면 문제에서 답을 찾아보자. 문제에 답이 있거든. 골라서 쓰면 돼." 아직 잘 못하지만 어떻게 하는지 대충 아는 눈치다.

"문제를 같이 풀어보자."
지수가 가지고 있는 사탕이 15개 있고, 친구에게 7개를 준다면, 지수에게 남은 사탕은 몇 개인지 계산해 보세요. 그리고 친구에게 3개를 더 준다면, 지수와 친구에게 남은 사탕의 총개수는 몇 개인지 풀이과정을 쓰고 답을 구하시오.

"답은 이렇게 쓰면 되겠다."

지수에게 남은 사탕은 15-7-3=5(개)이고, 친구는 지수에게 모두 받은 사탕이 7+3=10(개)이며, 지수와 친구에게 남은 사탕의 총개수는 5+10=15(개)이다.

그러므로 답은 15개

집중이 잘 안 되고 산만한 둘째 아이는 공부하는 시간이 오래 걸리다보니 알 때까지 기다리고 설명하는데 한계를 느낀다.

그래서 또래보다 더 많이 가르치고 신경을 쓰고 있다.

어려운 환경에도 공부를 꾸준히 하는 습관만 잡아준다면 다른 것도 스스로 잘할 수 있기 때문에 포기하지 않고 끝까지 할 수 있도록 엄마인 내가 열심히 도와야겠다.

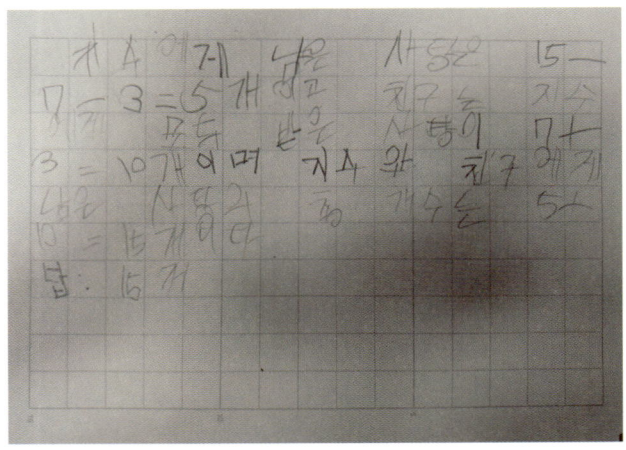

# 에필로그

## 함께한 시간, 함께 자란 마음

아이를 가르치는 건 생각보다 쉽지 않았어요.

어렵고 힘든 순간도 많았습니다.

그런데 이렇게 수학일기를 마무리하며 지난 시간들을 천천히 떠올려보니, 서툴렀지만 엄마로서 참 열심히 해왔구나! 하는 생각이 듭니다.

크고 작은 실수도 있었고, 계획대로 되지 않은 날도 많았지만 그런 경험들이 모여 지금의 우리를 단들어주었다고 믿어요.

완벽하지 않았어도 '엄마표 공부'도 아이에게 도움이 될 수 있다는 걸 느꼈고, 무엇보다 함께 보낸 시간들이 참 소중하다는 걸 새삼 알게 되었어요.

이제는 아이의 공부가 어느새 제 공부가 되었고, 예전보다 '나도 할 수 있구나' 하는 자신감도 생겼어요.

앞으로도 계속 아이와 함께 배우고 성장해가는 엄마가 되기 위해 노력하려고 합니다.

이 글을 통해 비슷한 길을 걷고 있는 부모님들과 마음을 나눌 수 있었다면 좋겠어요.

여기까지 함께해 주셔서 진심으로 감사합니다.

엄마와 함께 수학일기
쓰는 건
정말 즐거워요!

# 수학은

# 내 일기 속에

# 있어요

황혜진

# 프롤로그

수학을 가르치기 시작한 지도 어느덧 10년이 넘어가고 있습니다. 강사로, 그리고 지금은 수학전문 공부방 원장으로 다양한 아이들을 만나오며 한 가지 질문이 늘 마음에 남았습니다.

"왜 많은 아이들이 수학을 힘들어할까?"

물론 아이들마다 이해 속도도 다르고, 집중하는 방식도 모두 다릅니다. 그러나 그 다른 방식과 속도 안에서 하나의 공통점도 발견할 수 있었어요. 바로 아이들은 수학을 '공부'로만 접근했을 때 흥미를 잃는다는 점이었어요. 그 점이 저에게는 정말 큰 의미로 다가왔어요. 단순히 수학은 잘 가르치기만 하는 것이 아니라, 어떻게 가르치고, 어떤 관점으로 접근하느냐가 더 중요하다는 점입니다.

아이들이 외워야 할 공식이나, 풀어야 할 문제로만 수학을 대할 때보다, "이건 왜 배우는 걸까?" "어떻게 이해하면 좋을까?" "어떤 방식으로 정리할 수 있을까?" 같은 질문을 스스로 던지고 스스로 풀어나갈 때 비로소 수학은 아이들에게 자신만의 것으로 닿을 수 있다는 것입니다.

그래서 저는 아이들과 함께 수학을 글로 표현해보는 활동, '수학일기' 쓰기를 시작했습니다. 문제를 풀면서 배운 개념을 자신의 방식으로 정리해보고, 문제를 풀며 느낀 점이나 실수했던 과정 등을 다시 정리해보는 것만으로도 아이들에게 큰 배움이 된다는 것도 알게 되었습니다. 처음엔 익숙하지 않아서 "수학일기 꼭 써야 해요?"라고 묻던 아이들도, 천천히 자기 생각을 써보면서 배운 것을 말로 설명할 수 있게 되었고, 배운 점이 무엇인지도 고민해볼 수 있는 시간이 되었어요. 수학일기를 써본 친구들은, "선생님 수학일기 쓰고 싶어요." 하고 말할 정도로 이제는 수학일기 쓰는 시간을 즐거운 수학시간으로 받아들이기 시작했어요.

저의 수학일기를 이번 '수학일기 책쓰기 프로젝트'를 통해 공유하게 된 것도 단순한 수업 기록이 아니라, 수학을 어떻게 접근하는 것이 좋을지에 대한 저의 고민과 실천의 기록입니다.

이 책을 통해 수학은 '공부'가 아니라 즐거운 '활동'으로, 새로운 '표현방식'으로 접근될 수 있음을 전하고 싶습니다.

학부모님들과 학생들에게도 공부라는 것이 단순한 지식을 배우는 일이 아니라, 이해하고, 정리하고, 표현해 보면서 또 다른 생각의 확장이 되어주기를, 제가 혼자 고민하며 쌓아온 수업에 대한 아이디어가 다른 선생님들과 아이들의 수업에서도 함께 살아 움직이게 되기를 기대합니다.

# 직접 자르고 붙이며 이해하는 원

2025년 6월 5일 목요일
여름이 다가오는 게 확 느껴지는 맑지만 더운 날

오늘 수업은 평소처럼 그림을 그려서 설명하는 방식을 잠시 내려놓고, 조금 다른 접근을 해보았다. 컴퍼스 없이 종이를 낭비하지 않도록 굴러다니는 전단지를 활용해 종이에 작은 구멍을 뚫어 원을 그리는 것으로 시작했다.

모눈종이 위에 그려진 원에 외접하는 사각형을 그리고 모눈종이 칸을 세어보고, 안쪽의 넓이도 눈으로 확인하며 원의 넓이를 어림해 보는 활동이었다. 이미 공식으로 알고있고, 유도과정도 충분히 친구들과 수업하지만, 그 공식을 직접 경험하고 납득해 보는 데에 목적이 있었다. 원이라는 개념을 '선으로 그린 도형'에서 '면적으로 느끼는 형태'로 바꾸는 데엔 시각적인 접근 이상이 필요하다. 그래서 두 번째 활동으로는 원을 부채꼴 형태로 작게 잘라, 조각을 이어붙이는 과정을 진행했다. 결과적으로 원이 더 잘게 나뉘어 직사각형에 가까운 형태로 변형되면서, 공식이 어떻게 유도되는지를 직관적으로 확인할 수 있었다.

가로는 원주 길이의 반이 되고, 세로는 반지름. 이 모든 과정이 손으로 종이를 자르고 맞춰보며 진행되니, 개념이 머리가 아니라 손과 눈으로도 남는다.

이 과정을 직접 해보니, 수업 시간에 아이들과도 이렇게 '만들어보는 수업'을 하면 좋겠다는 생각이 들었다. '매번 눈으로 보기만 하고 손으로 그리기만 하는 게 아니라 직접 종이도 잘라보고 색깔로서 눈에서 와닿는 게 다르겠구나, 단순히 이해를 돕는 보조 수단이 아니라, 개념 자체를 경험하게 하는 구조로 수업할 수 있겠다.' 하는 생각이 들었다.

특히 초등 고학년이 아닌 저학년 또는 선행 학습을 하는 학생들에게는, 원의 넓이를 설명하기 이전에 '사각형 넓이'부터 탄탄하게 연결해 주는 과정이 필요하다는 걸 새삼 느꼈다. 교과과정에서 '넓이' 단원이 어떤 순서로 이어지고, 무엇을 기반으로 하는지를 다시 점검하게 되는 시간이었다.

또, 원의 넓이만을 살펴보는 단편적인 활동으로 끝낼 것이 아니라 이후에는 부채꼴의 넓이나 부채꼴 둘레를 살펴보는 과정까지의 개념으로 확장할 수 있는 기반이 되겠다는 생각도 했다.

그 과정들을 수업에 접목시켜서 분수의 개념과 분수의 곱셈이 아직 어려운 친구들에게 부채꼴을 활용하면서 자연스럽게 분수의 의미를 체감할 수 있는 기회로도 연결될 수 있다.

예를 들어, 처음 분수를 배울 때 피자 조각을 활용하듯, 전체 원의 몇 분의 몇이 부채꼴인지, 그것이 전체 넓이에 어떤 영향을 주는지를 직접 구하고 색칠하고 비교해 보는 식이다. 이 과정에서 수학의 추상성이 실제로 감각화되고, 납득 가능한 사고 흐름으로 이어진다.

결국 오늘의 활동은 가르치는 입장에서는 '수업 도구' 이상의 것이었다. 교과의 흐름을 다시 들여다보고, 학생의 입장에서 어떤 구조로 내용을 만나게 될지 고민해 보는 시간이었다. 무엇보다, 수학이라는 과목이 단순한 계산을 넘어서 '생각하는 방식'을 다룬다는 점을 다시 상기하게 해주었다.

이런 수업이 반복된다면, 아이들은 공식보다 먼저 '왜 그런가?'를 묻는 태도를 익히게 된다. 그 과정 속에서 교사 역시 새로운 관점을 얻게 된다.
오늘 내가 얻은 관점처럼.

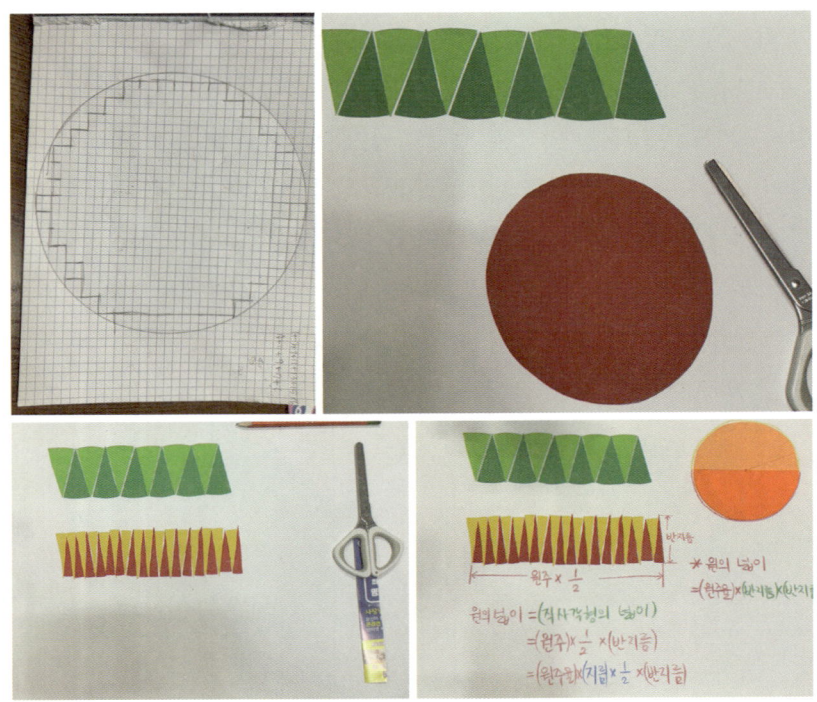

# 돌고 돌고 뫼비우스의 띠

2025년 6월 5일 목요일
여름이 성큼와서 덥지만 맑아서 기분이 좋아지는 날

**준비물**: 종이 (띠), 가위, 풀 또는 테이프, 그 외 색연필 등

**1)** 종이를 길게 자른다.
**2)** 앞, 뒤로 그림을 그리거나 구별할 수 있는 표현을 해준다.
**3)** 양 끝을 180도 비틀어서 붙인다.

종이를 길게 자르고 뫼비우스의 띠를 만드는 데 나는 앞, 뒤를 구별하기 위해 한 면은 바다, 한 면은 땅을 그렸다.

위쪽 사진은 땅, 아래쪽 사진은 바다이다. 하나의 면은 바다를 다른 하나의 면은 땅을 표현하도록 그렸는데, 뫼비우스의 특성을 이용해 땅과 바다는 다 하나로 연결된다는 의미를 표현하고 싶기도 했다.

완성된 띠는 외형만 보면 단순해 보이지만, 그 안에는 평면 기하의 직관을 깨는 흥미로운 구조가 숨어 있다. 보통의 띠는 앞면과 뒷면, 두 면이 있

지만 뫼비우스의 띠는 앞,뒤 구분이 없는 단 하나의 면만 존재하는 띠.

출처: ChatGPT

왼쪽그림은 일반적인 고리형태이고 오른쪽 그림은 한쪽 끝을 180도 비틀어 붙인 뫼비우스의 띠이다.

이를 확인해 보기 위해 직접 선을 그어 띠를 따라가 보았는데 선을 그으면서 시작점으로 다시 돌아오고도 계속 선이 이어지는 것이 알고만 있을 때와는 다르게 직접 경험해 보니 신기하게 느껴졌다. 처음엔 앞면과 뒷면을 번갈아 따라가는 줄 알았는데, 사실은 같은 면 위를 계속 돌고 있는 것이었다.

추가적인 활동으로 가위로 띠를 반으로 가르며 길게 쭉 잘라보면 고리 2개가 생길 것 같지만 하나의 고리가 길게 만들어진다는 것도 알 수 있다. 뫼비우스의 띠가 무엇인지는 알고 있었지만, 직접 만들어 보고 눈으로 확인하니 훨씬 더 와닿았다.

　아이들과의 수업에 적용시켜보면 아이들도 예상과 다른 결과가 나올 수 있다는 점, 수학적 개념이 단순히 이론만으로 존재하지 않는다는 것을 자연스럽게 알 수 있겠다는 생각이 들었다. 또 실생활이나 여러 분야에서 어떻게 활용되는지도 알아보는 과정은 색다른 경험이었는데, 처음에는 뫼비우스의 띠라고 하면 '무한대(∞)'만 떠올렸는데, 컨베이어 벨트나 전기 회로 같은 실제 산업 분야 등에서 다양하게 사용된다는 사실을 알게 되었다.

　수학이 단순한 개념을 넘어 실제 세상과 연결되어 있다는 점이 정말 흥미로웠고, 이러한 연결성을 아이들에게도 함께 탐색하게 한다면, 수학을 단순히 암기과목이 아닌 '세상과 이어지는 것'으로 받아들이는 데도 도움이 되겠다는 생각이 들었다.

　아이들과는 또 어떤 활동을 해보면 좋을까 생각도 해보고 뫼비우스의 띠를 활용해 어떤 부분에서 사용하면 좋을까 상상도 해볼 수 있는 시간이었다.

# 분류는 생각의 틀을 만들어가는 여정

2025년 5월 12일
화창한 봄 날씨에 기분이 좋아지는 날

초등 2학년 1학기 수학 교과서에는 '분류하기' 단원이 등장한다.

이 단원은 겉으로 보기엔 단순한 활동처럼 보이지만, 실은 아이들에게 생각의 기준을 세우고 그것을 적용하는 사고의 첫걸음을 제공하는 중요한 내용이다.

수업 목표는 '주어진 사물들을 정해진 기준에 따라 분류하거나, 스스로 기준을 정하여 분류해 볼 수 있도록 하는 것'이다. 이는 아이들의 관찰력과 논리적 사고, 표현 능력을 기르기 위한 기초 훈련이라 할 수 있다.

하지만 수업에 들어가 보면, 어른들의 예상과는 다른 반응을 마주하게 된다.

분류라는 개념은 아이들에게 익숙하지 않다. 그저 비슷한 것끼리 모으는 것은 해봤지만, '기준'을 설정하고, 정확하게 분류해보는 사고는 아이들에겐 익숙하지 않은 도전이다. 물론 어릴 때 하늘을 나는 비행기, 땅에서 달리는 자전거, 자동차, 오토바이, 물에서 다니는 배 등 운송수단을 나눠보기도 하고, 비슷한 종류의 활동들을 해 보았겠지만.

처음에 아이들은 '분류'라는 단어 자체는 이해하지만, 어떤 기준으로 나눌지, 무엇이 좋은 기준인지에 대해서는 혼란스러워했다.

'색깔? 크기? 길이? 위치?' 머릿속에 막연하게 떠오르지만, 구체적으로 정리하고 말로 표현하거나 적어보는 것은 또 다른 차원의 사고였다. 그 과정을 지켜보며, 분류하기가 단순한 활동이 아닌, 생각을 조직화하고 표현하는 힘을 기르는 본격적인 훈련이 될 수 있음을 다시금 느꼈다.

그래서 수업의 출발은 아이들이 스스로 기준을 정하는 것이 아니라, 정해진 기준을 관찰하고 적용하는 활동으로 방향을 잡았다. '길이에 따라', '색깔에 따라', '모양에 따라', '무늬가 있는지, 없는지.' 등 다양한 기준을 제시하고, 그 기준에 따라 사물이나 그림을 찾아보게 했다.

처음엔 조심스럽던 아이들도 점점 '이건 왜 여기 있어요?', '이건 둘 다 되는 것 같은데요?' 하는 질문을 던지며 사고의 폭을 넓혀갔다.

그다음 단계는 거꾸로, 분류 활동. 기준을 먼저 제시하고, 그 기준에 맞는 물건이나 그림을 찾아보는 방식이다. 처음부터 물건을 분류하게 하기보다는, 기준이 명확할 때 아이들의 사고 흐름이 훨씬 수월하고 집중력 있게 이어진다는 점을 확인할 수 있었다.

무엇보다 이 과정이 아이들에게 '할 수 있다'는 자신감을 심어준다는 것이 매우 의미 있었다.

이후에는 아이들이 모은 물건들을 섞고, 다시 분류해 보는 활동으로 확장했다.

이제는 스스로 기준을 떠올리고, 왜 그렇게 나눴는지 설명해 보는 단계로 나아간 것이다.

자기 손으로 자르고 붙이면서 진행한 활동은 단순한 조작이 아니라, 사고를 시각화하고 구조화하는 데 큰 역할을 했다.

이 과정에서 아이들은 단순한 시각 정보에만 의존하지 않고, 추상적인 기준도 제시하기 시작했다.

"이건 무거운 거예요!", "이건 두 개씩 짝이 있는 거예요!"

분류 기준이 점점 다양해지고, 그 기준을 설명하는 말도 더 풍부해졌다. 그러면서 왜 저런 추상적인 기준은 분류기준이 될 수 없는지도 친구들과 의견을 나누다 보면 저절로 알게 된다. 내가 생각하는 무거운 것과 친구가 생각하는 무거운 것은 다를 수 있다는 것.

교재들을 보면 '여러 가지 기준으로 분류해 보기', '자신만의 기준으로 다시 나누기'와 같은 활동이 있지만, 실제 수업에서는 그 앞 단계인 '기준을 이해하고 받아들이기'가 충분히 이루어져야만, 아이들이 능동적인 분류로 나아갈 수 있다. 그리고 그 이해는 놀이처럼 접근할 때, 훨씬 더 자연스럽게 아이들의 사고 속에 녹아든다는 것을 느꼈다.

'수학'이라는 과목이 숫자와 연산만이 아니라, 사고를 정리하고 언어화하고, 논리로 연결하는 힘을 기르는 학문이라는 점을 다시금 체감하는 수업이었다. 그리고 그 힘은 단원 속의 작은 활동 한 조각에서도 충분히 시작될 수 있다는 사실도 함께 배웠다.

'분류하기'라는 주제 하나에도 이렇게 다양한 사고와 표현이 녹아들 수 있다는 것을 아이들과 함께 체험하면서, 앞으로도 수학을 문제 풀이 중심의 과목이 아니라, 생각을 기르고 구조화하는 즐거운 과정으로 계속 함께 만들어가고 싶다는 마음이 더욱 단단해졌다.

## 칠교, 단순한 놀이에서 수학의 씨앗으로

2025년 4월 23일 수요일
선선하면서 온화한 봄날☶

며칠 전 창의수학 지도사 수업에서는 직접 칠교판을 만들어보는 활동을 진행했다. 박스를 자르고, 색지를 붙여 조각 하나하나를 손으로 완성하는 그 과정은 익숙하면서도 묘하게 새로웠다. 칠교가 어떤 도형들로 이루어져 있는지는 이미 잘 알고 있었고, 초등 2학년 친구들과 함께 이 교구를 활용해 수업한 경험도 여러 차례 있었기에, 낯선 활동은 아니었다.

하지만 다시 손으로 만들고, 조각을 하나하나 들여다보며 구성과 관계를 살펴보는 그 시간이 '익숙함 속의 새로운 배움'을 가능하게 했다는 점이 이번 활동의 가장 큰 수확이었다.
어떤 조각은 직각삼각형, 어떤 조각은 정사각형.
서로 다른 모양이 모여 하나의 큰 정사각형을 이룰 때, 그 안에 숨어 있는 비례 관계, 각도, 변의 길이… 등 이전에 그냥 지나쳤던 요소들이 이번엔 훨씬 또렷하게 다가왔다.

'같은 내용을 반복해도, 그 안에서 배움은 계속될 수 있구나.'

익숙함에 안주하지 않고 다시 들여다보면, 수업 속에 숨겨진 가능성은 다시 열린다는 걸 느낀 순간이었다.

더 흥미로웠던 건, 이 칠교판을 중학교 3학년 학생과 함께 활용해 본 경험이다.

현재 시험 준비 중인 친구와 '제곱근과 실수' 단원을 공부하면서, 문득 칠교판을 꺼내 들었다.

교과서 속 문제 중에는 '몇 조각을 붙여 만든 다각형의 둘레를 구하라'는 식의 문제가 꽤 자주 등장한다. 그동안은 단순히 도형의 둘레만 구하는 문제로 보았던 그 문제들이, 칠교판을 통해 실제적인 의미와 감각을 가지게 되는 순간이 되었다.

직접 만든 칠교판 위에 자를 대고, 조각을 조합해가며 '이 조각의 길이가 $\sqrt{2}$ 라는 건 왜 그런 걸까?', '두 개를 붙이면 $\sqrt{2}+1$ 의 길이야?' 아이와의 대화는 점점 깊어졌고, 수학 개념이 단순한 기호가 아닌, 직관적 경험으로 다가오는 전환의 순간이 만들어졌다.

이 경험은 나에게 다시 한번 교사의 시선을 되돌아보게 했다. 기초 개념을 다지는 활동 하나가,

몇 년 뒤 중등 수학의 개념과 연결될 수 있다는 사실. 그 '연결성'을 염두에 두고 수업을 설계할 때, 지금 이 순간의 활동이 단순한 놀이로 끝나지 않고 개념의 씨앗이 될 수 있다는 확신을 얻게 되었다.

칠교는 그저 오리고 붙이고 맞추는 놀이가 아니다. 각 조각은 수학적 구조와 관계를 품은 작은 세계이고, 그 조각들이 만나면서 살아있는 수학이 되어간다. 아이들이 이 세계를 만날 수 있도록 안내하는 것, 그리고 그 과정을 함께 즐기고 발견하는 것이 교사의 역할이라는 걸 다시금 마음에 새긴 하루였다.

# 구구단, 외우기보다 중요한 것

구구단 수업을 하다 보면, 아이들이 숫자만 외우느라 지쳐 있는 경우가 많다. 그래서 이번에는 '외우기'보다 '이해하기'가 먼저라는 걸 보여주고 싶었고 먼저 곱셈의 원리를 묶어 세기로 배운 후, 구구단 수업을 시작했다.

처음엔 다 외우지 못해 답답해하는 아이들도 있었지만, 곧 변화를 느낄 수 있었다. 예를 들어 백지에 구구단 표를 만들어보는데 3×5=15는 기억했지만, 3×6이 헷갈리는 아이는 "15에 3을 더하면 되잖아!" 하며 스스로 식을 완성했다. 이건 단순한 암기가 아닌, 곱셈의 원리가 어떻게 되는지 스스로 이해하고 익히는 과정. 또 하나의 인상 깊은 장면은 개수를 셀 때 나타났다. 전엔 1개씩 "1, 2, 3…" 세던 친구가, 이제는 "2, 4, 6, 8…" 2개씩 묶어 뛰어 세기를 하기 시작했다. 그리고 가끔은 스스로 5개씩 묶어 "5, 10, 15…"로 세기도 했다. 자기 나름대로 응용하는 모습을 보며 정말 기특하다는 생각이 들었다.

이번 단원에서 특히 곱셈표를 그냥 외우기보다는 '한 단계씩 더해가며' 생각하는 아이의 모습을 자주 볼 수 있었는데 곱셈 단원의 경우 3×3을 알고 있다면, 거기서 3을 더해 3×5,3×7… 이렇게 뛰어 세기를 하는 경우 "(3×2=6)씩 늘어난다."라는 규칙을 이해하고 문제를 푸는 모습을 보인 것이다. 4단의 경우 아직 헷갈려하는 친구인데 4×2=8, 4×4=16 에서 8씩 늘어난다는 걸 스스로 활용해서 풀어냈다.

여기서 포인트는 스스로 규칙을 찾아내서 8씩 더하고 있었다는 것! 정말 스스로 활용했는지 확인하기 위해 과정까지 확인해 보았지만!! 정말이었다!!

이런 응용력이 생겨난 걸 보며, 아이가 수학을 '생각하는 공부'로 받아들이고 있다는 것을 느꼈다.

가르치는 입장에서 이런 모습을 볼 때마다 무척 기쁘고, 이 아이의 공부습관과 성장을 더 잘 살펴주고 싶다는 책임감도 느낀다. 그리고 이번 수업에서 또 하나 크게 느낀 건, 아이들의 취향을 반영해 주는 것의 중요성이었는데 어느 날 아이들이 "콩이(나의 반려견) 넣어서 구구단 표 만들어주세요~!" 그래서 귀여운 콩이 캐릭터가 들어간 구구단표를 직접 만들어 보여줬더니, 아이들이 너무 즐거워하며 자연스럽게 구구단을 외우기 시작했고 잘 챙겨 다니며 애착까지 보이는 모습이었다.

어떤 아이는 "너무 귀여워요! 가방에 달고 다닐게요!"라고 말했고, "친구한테도 나눠주고 싶어요~" 하며 신나하는 모습도 보였다. 그때 또 한번 느꼈다. '재미'가 곧 '집중력'이고, '흥미'가 곧 '학습 동기'라는 것을.

아직 구구단을 완벽하게 외우진 않았지만, 배운 것을 스스로 활용하고, 나름의 방법으로 확장해가는 그 모습이야말로 진짜 '수학을 배우는 힘'이라고 생각한다. 수학은 수를 외우는 것이 아니라, 생각을 키워가는 공부라는 걸 아이들과 함께 느낀 수업이다.


## 들이와 부피를 눈으로, 손으로 느껴보기

2025년 5월 4일 일요일
내일 비 온다는 데 날이 흐려지는 게 느껴짐


얼마 전 창의수학 지도사 수업 시간에 '들이'와 '무게'의 개념을 보다 구체적으로 전달하기 위해 한 변의 길이가 10cm인 정육면체 상자 만들기 활동을 진행했다.

정육면체는 단순한 상자가 아니다. $10cm \times 10cm \times 10cm = 1000cm^3$

즉, 1L의 들이를 시각적으로 보여줄 수 있고, 물의 무게를 기준으로 하면 1kg의 질량도 이 부피와 연결해서 설명할 수 있다. 추상적으로 다가올 수 있는 단위를 아이들에게 친근하게 전달할 수 있는 훌륭한 교구가 될 수 있는 것이다.

처음에는 상자 표면에 1L, 1kg이라는 단어를 보기 좋게 붙이기 위해 재활용의 상자의 안쪽이 바깥으로 나오도록 상자를 뒤집어 만들었는데… 여기서 문제가 생겼다. 모양이 너무 안 예뻐진것이다. 정육면체의 가장 중요한 조건인 '정확한 길이와 각도'가 흐트러지고, 모서리는 울퉁불퉁해지고, 각이 뭉개져버렸다. 종이의 두께, 접는 순서, 풀칠하는 위치 하나하나가 정육면체의 형태를 크게 좌우한다는 걸 알면서도 가볍게 생각한 내 잘못이었다.

그 상자를 들여다보며, "이건 수업에 사용하기 어렵겠다." 하는 아쉬움에 결국 주말 동안 다시 도전하게 되었다. 이번에는 더 얇은 재질의 재활용 종이 상자를 사용했고, 각 면마다 자를 대고 정확히 선을 표시하며 차근차근 조립해 나갔다. 결과는 훨씬 만족스러웠다.

길이도 정확하고, 면도 깔끔하게 맞아떨어지고, 표면에는 '1L', '1000mL', '1kg', '1000g' 등
단위 개념이 한눈에 들어오도록 정리해서 붙였다.

'물론 마분지나, 두꺼운 도화지를 활용해 만들 수도 있겠지만 그것보다는 재활용 하게 될 박스를 활용하고 손은 더 많이 가더라도 사용하지 않는 포장지 등을 활용해보자.' 하는 환경보호의 역할도 함께 하고 싶었다.

결과는 성공적!! 아이들에게 이 상자를 보여주며 설명할 장면을 떠올리니 준비하는 시간의 수고로움도 뿌듯한 기대로 바뀌었다. 이번 활동을 통해 실패에서 배우는 힘, 그리고 교육 자료는 '보여주기' 그 이상의 의미를 담아야 한다는 걸 다시금 느낄 수 있었다.

아이들은 단순한 설명보다 실제로 보고, 만지고, 느끼는 경험에서 훨씬 오래 기억하고 스스로 개념을 정리하니까. 또한, 수업을 하며 아이들이 특히 헷갈려하는 들이와 무게의 단위 변환(1L=1000mL, 1kg=1000g 등)을 어떻게 쉽게 알려줄 수 있을지도 한번 더 생각해보았다.

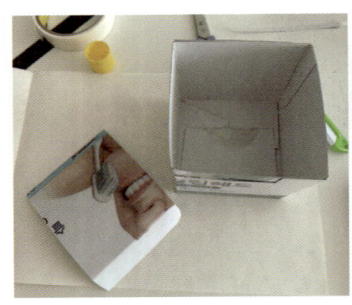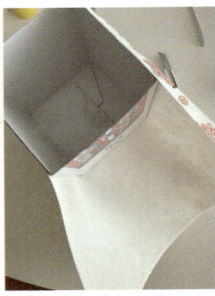

오늘 수업 때 초등 친구가 상자를 보더니 "선생님~ 이게 뭐예요?" 해서 잠깐 시간을 내어 설명해 줬더니 "오~ 1L가 어느 정도인지 정확하게는 몰랐는데 이렇게 보니까 알겠어요." 하면서 좋아했다.

앞으로는 이 상자 하나로 그 모든 개념을 자연스럽게 연결해 줄 수 있을 것 같다. 선생님도 끊임없이 연습하고, 실패하고, 다시 시도해야 성장한다는 걸 몸소 느낀 하루였다. 작은 것이라도 새로운 것을 배울 때 뿌듯해하는 아이들의 모습이 멋지다. 그리고 아이들에게 줄 수 있는 더 좋은 수업을 위해 오늘도 한 걸음 나아간다.


## 식을 세우는 힘은 연습에서 나온다.

2025년 7월 3일 목요일
너무 더워서 아이스크림 먹으면서 수학문제 풀고 싶은 날


중1 친구들이 1학년 1학기에서 처음으로 힘듦을 느끼는 단원은 소인수분해, 그 다음으로 맞이하게 되는 큰 벽은 일차방정식이다.

특히 문자와 식을 막 배우기 시작한 시기에 거리·속력·시간 개념조차 익숙하지 않은 상태에서 일차방정식 활용 문제에 들어가면 "도대체 식을 어떻게 세워야 하나요?"라는 질문이 가장 먼저 나온다. 그중에서도 아이들이 가장 많이 막히는 부분은 "미지수를 어떻게 정해야 하나요?" 하는 부분이다. 그래서 나는 이 단원을 수업할 때 '미지수 설정 연습'을 출발점으로 삼는다.

단순히 구하려는 값을 x로 두는 것도 처음에는 아이들에게 낯선 과정이다. 하지만 미지수를 먼저 정한 뒤 조건을 하나하나 정리하고, 표로 정돈하거나 그림으로 시각화하는 연습을 반복하다 보면
조금씩 머릿속에서 구조가 잡혀가기 시작한다.


물론 이 과정은 하루아침에 되는 것이 아니다.

여러 번 반복하며 익숙해지그, 문제를 읽자마자 식이 바로 떠오르지는 않더라도 "어떻게 정리해야 하는지"를 스스로 인식하는 순간이 찾아온다. 그리고 그때부터 아이들은 단순한 공식 암기가 아닌 구조적 사고를 하기

시작한다. 중1 과정에서 이 훈련이 잘 잡힌 아이들은 중2가 되어 연립일차방정식이나 일차부등식 단원에서 훨씬 자연스럽게 받아들인다. 문제를 분석하고 도식화하는 능력이 생긴 아이들은 응용이나 심화문제도 스스로 해결해 보려는 태도를 보이기 시작한다.

수학은 결국 이해의 축적이고, 그 출발은 작은 미지수 하나에서 비롯된다는 것을 이 수업을 통해 다시 확인하였다. 우리 공부방의 친구들도 처음엔 "거리, 속력, 시간 문제가 제일 어려워요~"라고 자주 말했지만 지금은 문제를 읽고 미지수를 먼저 정한 뒤 거리·속력·시간 표에 주어진 조건을 채워나가는 습관이 생기고 있다.

물론 그 과정들이 풀이 방식이나 사고 흐름에 제한을 두는 것이 아니라, 문제를 해석하고 정리해나가는 힘을 기르기 위한 과정이다. 이 과정이 반복될수록 아이들은 수학 문제를 읽는 눈, 정리하는 습관, 그리고 풀어내는 용기를 갖게 되는 것 같다.

---

### 예시문제1 (중1 일차방정식 활용)

현이는 오르막길과 내리막길의 길이를 합한 전체 길이 8km의 등산로를 올라 갈 때는 시속 3km로, 내려 올 때는 시속 5km로 걸어서 모두 148분이 걸렸다. 오르막길은 몇 km인지 구하시오.

| | 오르막길 | 내리막길 | 전체 |
|---|---|---|---|
| 거리 | $x$ km | $(8-x)$ km | 8 km |
| 속력 | 시속3km | 시속5km | |
| 시간 | 오르는시간 + 내려오는시간 = 148분 | | |

$$= \frac{148}{60} (시간)$$

$$\frac{x}{3} + \frac{8-x}{5} = \frac{37}{15} (시간)$$

**예시문제2 (중2 연립 일차방정식 활용)**

올라가는 길과 내려오는 길이 다른 총 $12km$의 등산로를 올라갈때에는 시속 $3km$
로 걷고, 내려올 때에는 시속 $4km$로 걸어서 모두 3시간 30분이 걸렸다. 올라간 거
리와 내려온 거리를 각각 구하시오.

| | 올라가는 길 | 내려오는 길 | 전체 |
|---|---|---|---|
| 거리 | $x km$ | $y km$ | $12 km$ |
| 속력 | 시속 $3km$ | 시속 $4km$ | |
| 시간 | 올라가는시간 + 내려오는시간 = 3시간30분. | | |
| | | | = 3.5시간 |
| | $\dfrac{x}{3} + \dfrac{y}{4}$ | | $= 3.5$ |

# 2025. 7. 3 목  날씨: 수박먹고 싶은 더운 여름날

배운점: 연립방정식 활용 (거속시)

문제: 하윤이는 학교에서 개최한 걷기 대회에 참가하였다.

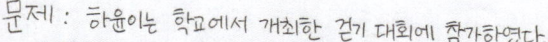
출발점에서 6km 떨어진 도착점까지 가는데, 처음에는 분속 60m로 뛰다가 나중에는 분속 30m로 걸었더니 총 2시간이 걸렸다. 분속 60m로 뛴 거리와 분속 30m로 걸은 거리는 각각 몇 km인지 구하시오.

거리·속력·시간의 관계

| 거 | |
|---|---|
| 속 | 시 |

풀이:

| 거 | $x$ km + $y$ km = 6km |
|---|---|
| 속 | 60m/분 = 3.6km/시     30m/분 = 1.8km/시 |
| 시 | $\dfrac{x}{3.6} + \dfrac{y}{1.8} = 2$ 시간 |

$$\begin{cases} x\,(km) + y\,(km) = 6\,(km) & \cdots ㉠ \\ \dfrac{x}{3.6} + \dfrac{y}{1.8} = 2\,(시간) & \cdots ㉡ \end{cases}$$

㉠ $\begin{cases} x\,(km) + y\,(km) = 6\,(km) \\ \text{양변에 3.6 곱하기} \end{cases}$

㉡×3   $x + 2y = 7.2$ (시간)

$\begin{cases} x\,(km) + y\,(km) = 6\,(km) \\ \text{양변에 10 곱하기 ㉠×10} \end{cases}$

㉡×36, $10x + 20y = 72$ (시간)

가감법 사용하기 → 둣식 모두 $x$의 개수를 10으로
㉠×10 - ㉡×36    만들기

$\begin{cases} 10x\,(km) + 10y\,(km) = 60\,(km) \\ 10x + 20y = 72\,(시간) \end{cases}$

$$10y = 12$$
$$5y = 6$$
$$y = \frac{6}{5}, \quad y = \frac{6}{5} 을 ㉠에 대입하면$$
$$x + \frac{6}{5} = 6, \quad x =$$

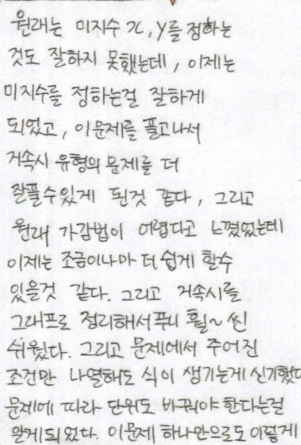

## 느낀점·알게된점

원래는 미지수 $x$, $y$를 정하는 것도 잘하지 못했는데, 이제는 미지수를 정하는걸 잘하게 되었고, 이문제를 풀고나서 거속시 유형의 문제를 더 잘풀수있게 될것 같다. 그리고 원래 가감법이 어렵다고 느꼈었는데 이제는 조금이나마 더 쉽게 할수 있을것 같다. 그리고 거속시를 그래프로 정리해서 푸니 훨~씬 쉬웠다. 그리고 문제에서 주어진 조건만 나열해도 식이 생기는게 신기했다. 문제에 따라 단위도 바꿔야 한다는걸 알게되었다. 이문제 하나만으로도 이렇게 많은 지식을 얻은것 같아서 신기하고 뿌듯했다!!

2025년 7월 3일. 목요일. 날씨: 해가 너무세서 더워서 랜히 [We Young]이 듣고싶은 날.

문제.

정우는 오르막길과 내리막길을 합한 전체의 길이 8km의 닭코스로 올라갈 때에는
시속 3km로, 내려를 때에는 시속 5km로 걸어서 모두 148분이 걸렸다. 오르막길은 몇 km인지 구하시오.

등산 아호.

풀이.

|      | 오르막길 | 내리막길 |
|------|---------|---------|
| 거리 | 켜km | ⊕ 8-켜km | ⊜ 8km |
| 속력 | 시속 3km | 시속 5km | |
| 시간 | 켜/3 분 | ⊕ 8-켜/5 분 | = 148/60 분 |

켜 = 오르막길의 거리 (km)

$60(\frac{켜}{3} + \frac{8-켜}{5}) = \frac{148}{60} \times 60$

$20켜 + 12(8-켜) = 148$

$20켜 + 96 - 12켜 = 148$

$20켜 - 12 = 148 - 96$

$8켜 = 52$

$켜 = \frac{52}{8}$

$켜 = \frac{13}{2}$

$\frac{13}{2} km$

닭 혼자더

느낀점!

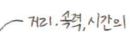

오늘 일차방정식의 활용 중 거·속·시를 배웠고, 원래는 미지수거도 구하지 못하고

방정식도 못 세웠었는데, 이제는 또 세울 수 있고 끝도 세울 수 있으니까 미지수 구하기도
쉬워졌고 방정식도 세울 수 있게 되었다. 특히 거속시 관계를 그릴 수 있으니 방정식 계산이
쉬워져서 문제풀이 속도가 올랐고, 문제를 푸는게 쉬워지니 성취감도 늘고 $\frac{1}{60}$ 시간이라는 단위를
잘 쓰지 않았는데 알려주셔서 다시 알게 되었다.

거리. 속력, 시간의

관계

4월 14일 월요일 흐림

선생님 손으로는 5뼘
내손으로는 10뼘

연필    손    포스트인
하삼동    지우개

오늘은 길이재기를 배웠다. 어떤 길이를 재는 데 기준이
되는 길이를 단위 길이 라고 한다. 손으로 재는 것은 뼘
이라고 한다. 연필도 해봤고 포스트잇도 해봤고 지우개도
해봤다. 똑 같은 종이컵을 재는 데 손으로 잴 때는 한 뼘 이었고
연필은 2개이고 포스트잇은 3장이었고 지우개는 4개이었다.
한 뼘이라고 부르는게 신기했다. 똑같은 손인데도
어른손이랑 아이손 이랑 길이가 달랐다. 끝...

# 4월 15일 화요일! (상상일기) NCT127-Touc

오늘 학원에서 정수와 유리수의 혼합계산을
배웠다. 학원을 마치고 오늘받은 용돈 5000원
으로 3000원 짜리 핫도그를 사먹었고, 가는길에 500원
을 주웠다. 그리고, 동생에게 껌과 콜라를 사주고,
1000원을 받았기 때문에 (+5000) + (-3000) + (+500)
+ (-1500) + (+1000) 으로 덧셈의 계산을 이용해서
{(+5000) + (+500) + (+1000)} + {(-3000) + (-1500)} 을 해서
답은 +2000이다. 집에가서 용돈기입장을 썼는데
2000원의 이득이 난 것을 보고 기분이 좋았다.

3학년4반 ○○○

## 2025년 4월 14일 월요일 7시 4분

문제: 어떤 분수의 분자에서 5를 빼고, 분모에 7을 더한 후 7로 약분하니 $\frac{5}{8}$가 되었습니다. 이런 분수를 구하시오.

풀이: $\dfrac{(\triangle-5)\div 7}{(\square+7)\div 7} = \dfrac{5}{8}$ ,

분자 $\triangle$를 구하기 위해서는 거꾸로계산하면된다. 그러므로 $5\times7+5=\triangle$

$\triangle=60+5=65 \quad \triangle=65$

분모: 분자와 같은 방식으로 거꾸로 하면 된다.

$8\times7-7=\square \quad \square=49-7=89 \quad \square=89$

마지막으로 $\dfrac{\square}{\square} = \dfrac{65}{89}$ 입니다.


느낀점 배운점: 배운점은 3개가 있다. 어떤 분수를 구하라 하고 문제의 3건을 식으로 나타냈다. 그리고 어떤 수로 약분하는 말의 뜻을 이해해야신복 풀 수있다. 거기 1번째!

2번째는 어떤 수로 약분하는 것은 분모와 분자를 어떤수로 나누어 크기가 같은 분수를 구하는 것입니다.

3번째는 거꾸로 생각해서 해결합니다. (즉, 빼기에 거꾸로 풀 더!) 했다.

그리고 느낀 점은 이 문제를 풀며 거제 약 분 통 분도 마스터 한 것 같고... 기라는 생각이 들었다.

—끝—

2025년 4월 14일 월요일 3시 43분

문제: 어떤 분수의 분자에서 5를 빼고 분모에 7을 더한 후 12로 약분하니
 $\frac{5}{8}$가 되었습니다. 어떤 분수를 구하시오.

풀이: $\frac{(\triangle - 5) \div 12}{(\square + 7) \div 12} = \frac{5}{8}$ ,

분자: $\triangle$를 구하기 위해서는 거꾸로 계산하면 된다. 그러므로 $5 \times 12 + 5 = \triangle$

   $\triangle = 60 + 5 = 65$, $\triangle = 65$,

분모: 분자와 같은 방식으로 거꾸로 하면 된다.

   $8 \times 12 - 7 = \square$, $\square = 96 - 7 = 89$, $\square = 89$

마지막으로 $\frac{\triangle}{\square} = \frac{65}{89}$입니다.


느낀점, 배운점: 배운점은 3개가 있다. 어떤 분수를 ?라 하고 문제의
조건을 식으로 나타낸다. 그리고 어떤 수로 약분 한는
말의 뜻을 이해해야 식을 쓸 수 있다. 이게 1번째

2번째는 어떤 수로 약분하는 것은 분모와 분자를
어떤수로 나누어 크기가 같은 분수를 구하
는 것입니다.

3번째는 거꾸로 생각해서 해결합니다.
(즉, 빼고 거꾸로 못 더해 봅시다.)
그리고 느낀점은 이 문제를 풀며 거의 약
분 통분도 마스터 한 것 같군... 이라는
생각이 들었다.

─끝─

6월 12일 목요일 날씨 : 더우
고 흐리고 오징어 말리기 좋음

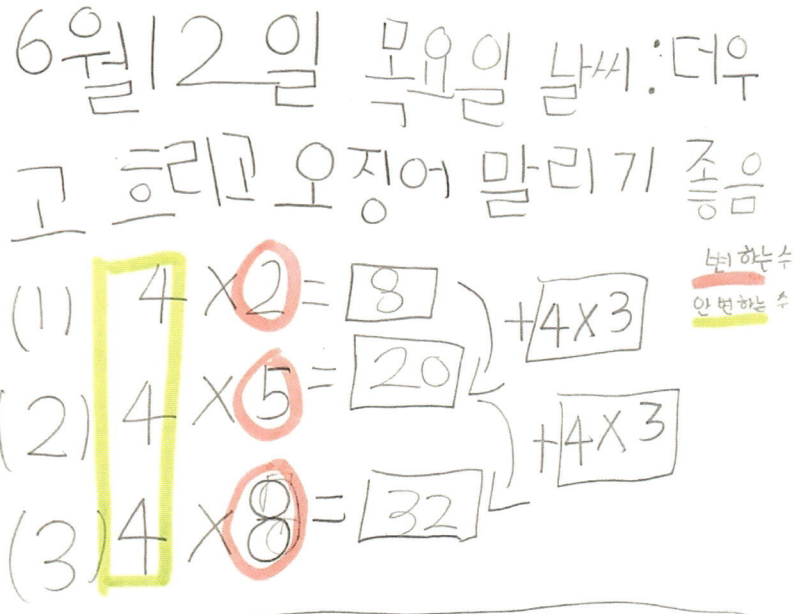

(1)  4 × 2 = 8 )+4X3      변하는수
(2)  4 × 5 = 20 )+4X3     안 변하는 수
(3) 4 × 8 = 32

구구단 4단이 갈안 외워줘서
규칙을봤더니 곱하주는 수가 3씩
커지면 12씩 커진다

활동후 느낀점

스스로규칙을 찾아서 뿌듯 했다고라니

2025 6/5(목)  날씨 : 다운 것 같지만 시원하고 뜨겁지만 추운 정말
           장달 울트라 슈퍼 왕장 킹갓 좋은 날씨

# 마름모의 넓이

(마름모의 넓이)
= (한 대각선의 길이) X (다른 대각선의 길이) ÷ 2

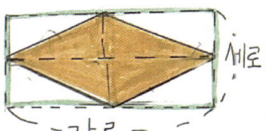

한 대각선

다른
대각선

(다른 대각선의 길이)÷2

한 대각선

# 마름모의 넓이 구하기

방법1 (마름모의 넓이) = (평행사변형의 넓이)
     = (밑변의 길이) X (높이)
     = (한 대각선의 길이) X (다른 대각선의 길이) ÷ 2

방법2 (마름모의 넓이) = (직사각형의 넓이) ÷ 2
     = (가로) X (세로) ÷ 2
     = (한 대각선의 길이) X (다른 대각선의 길이) ÷ 2

마름모의 넓이는 가로가
한 대각선과 같고, 세로가
다른 대각선과 반인
직사각형의 넓이와 같
습니다.

세로

가로

## 느낀점

마름모의 넓이를 공부하며 느낀점은
둘레 구하는 것도 쉬워서 넓이를 구하
는 것도 재미있다.
그리고 왠만한 넓이구하기 보다
쉽다. 그리고 둘레, 넓이를 구
하는 식이 없다면 굉장
히 불편할 것 같다.

2025년 8월12일 화요일 ··· 화창함

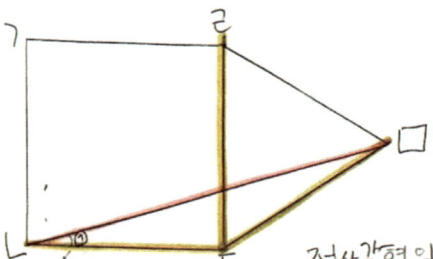

★ 한변의 길이가
같은정삼각형과
정사각형을그림
과 정사각형을그림
과 같이 이어
붙였습니다.
점 ㄴ과점ㅁ을
선분으로이을
때,각 ㉠의
크기를 구해세요

정사각형의 한각의 크기=90°
정삼각형의 한각의 크기=60°

삼각형 ㄴㄷㅁ 에 서
각 ㄴㄷㅁ =90°+60°=150°

삼각형ㄴㄷㅁ은  선분ㄴㄷ=선분ㄷㅁ
이동변 삼각형이다.
각 ㅁㄴㄷ=각 ㄴㅁㄷ=(180°-150°)÷2
=㉠=15°

ㄴ 경험

새로 알게된 점 이 많아서기분이 좋다.
처음에는 삼각형ㄴㄷㅁ은 이등변삼각형 일줄 몰랐는데
삼각형 ㄴㄷㅁ 의 이등변 삼각형 이라는걸
알았다. 내일 서울가서 기분이 좋다.
그런데기호를 왜ㄱㄴㄷㅁㅇ놓는지 모르겠다
1.2.3.4 로해도 되는데 ㄱㄴㄷㅁ으로 써서 궁금하다
선생께 물어봤는데 길 이랑 각도개말할수있어서 기호를 쓴다는걸 알았다.

2025 7/14 (월) 낡아빠진 고물 시계

이름: 정재윤 (2014년 5월 3일생)

날씨: 에어콘틀어 시원한 집안
더움

하루에 10초씩 느리게 가는 시계를 오전 9시에 정확히 맞춰 놓은 후 30일 뒤 같은 시각에 보았다면 이 시계는 몇시 몇 분을 가리키는지 풀이 과정을 쓰고, 답을 구하시오

하루에 10초 늦어짐
오전 9시 → 30일 뒤, 30×10 = 300(초)
　　　　300초 늦어 짐

300초: 5분 (1분은 60초이므로 300초 ÷ 60초는 5분이다.)

(오전9시) - (5분) = 오전 8시 55분

"하루에 10초씩 느리게 가는 시계가 오전 9시에서 30일 뒤 같은 시각에 봤다면 이시계는 몇시 몇 분일까?" 라는 문제를 풀었다. 이 문제는 시간 개념과 시간 계산을 알아야 풀수 있는 것이다. 하지만 초반에는 조금 어려웠다. 그래서 조금 더 생각해보니 술술 풀렸다. 나는 이 문제를 제기로 수학 문제는 생각과 고뇌를 많이 해야 풀리는 것 같다고 느꼈다. 또 시간이 늦어 지면 늦어진 만큼 빼고, 빠르면 빠른 만큼 더해주어야 한다는 것을 깨달았다.

# 2025 / 08 / 6 / 수 / 날씨: 비가 주룩주룩 ☂

## ⟨삼각형의 내심과 평행성⟩

**문제** 오른쪽 그림에서 점 I는 △ABC의 내심이고, 점 I를 지나는 $\overline{BC}$와 평행한 직선이 $\overline{AB}$, $\overline{AC}$와 만나는 점을 각각 D, E라 할때 △ADE의 둘레의 길이를 구하시오.

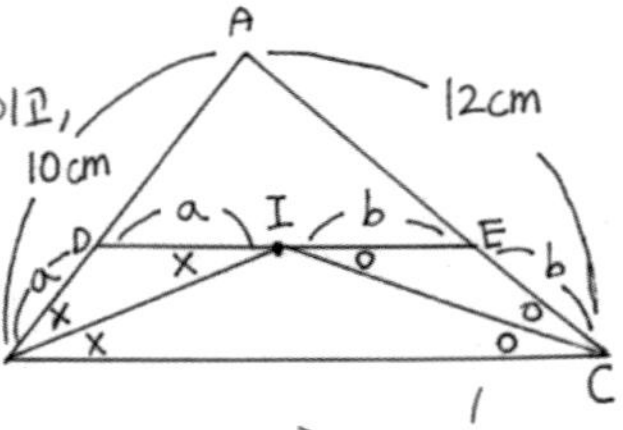

**풀이** 점 I는 ABC의 내심이므로 ∠ABI = ∠CBI

∠CBI = ∠DIB ($\overline{DE}$ // $\overline{BC}$ 엇각)

∴ ∠ABI = ∠DIB (△DBI는 이등변 삼각형)

∠ICE = ∠ICB (점 I 내심)

∠EIC = ∠ICB ($\overline{DE}$ // $\overline{BC}$ 엇각)

∠ICE = ∠EIC (△EIC는 이등변 삼각형)

△ADE의 둘레 ($\overline{DB}$ = $\overline{DI}$, $\overline{IE}$ = $\overline{EC}$)

$= \overline{AD} + \overline{DE} + \overline{EA}$

$= \overline{AD} + \overline{DI} + \overline{IE} + \overline{EA}$

$= \overline{AD} + \overline{DB} + \overline{EC} + \overline{EA}$

$= \overline{AB} + \overline{AC}$

$= 10 + 12$

$= 22\,cm$

**느낀점** 삼각형 엇각의 성질을 처음에 잘 몰랐는데 이 문제를 풀고 잘 알게 되었고, 내심과 평행선 문제를 다음부턴 헷갈리지 않고 잘 풀수 있을 것 같다. 내심이 각의 이등분선의 교점이라는 점이 문제풀이에서 많이 활용됨으로 잘 기억해야 겠다. 그리고 평행선의 성질이 1학년 때 배우고, 끝이라고 생각했지만, 2학년 때도 나와서 지난 과정이라고 대충 보지 말아야 겠다고 다짐했다

# 2025년 8월 5일 날씨 <sub></sub> 너무 화창해서 눈부신 날

**Q.** 밑에있는 그림에서 ∠x + ∠y 의 크기를 구하시오. [느낀점과 알게된 점]

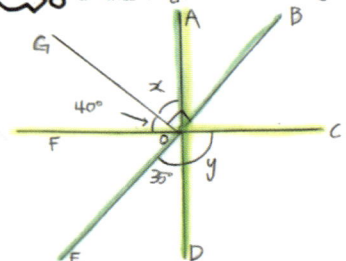

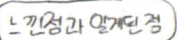

## 풀이과정

$90° - 35° = ∠x = 55°$

$∠FOG + ∠GOA = 55° + 40° = 95°$

$= ∠FOA = ∠y$ (맞꼭지각)

$∠x = 55°, ∠y = 95°$

$55 + 95 = 150$

$∠x + ∠y = 150°$

각 그림을 보고 어려울 것 같다고 생각하고 회피하려 했는데 막상 풀어보니 어려운 문제가 아니었다는 느낌이 들었고, 풀이를 하다보면 예를들어 ∠AOB 같이 처음보는 문자가 나왔어서 헷갈렸지만, 이해를 하니깐 쉬웠다. 그리고 여러가지 각 문제들 풀다보니 점점 재밌어져서 수학에도 흥미를 갖게 된 것 같다.

맞꼭지각이 무엇인지 알게 되었고, 각을 쓸 때에는 앞에 ∠ 이라는 부호를 쓰고 쓴다는 것을 알게되었다. 또, 초등학교 때 배운 각의 크기의 합이 중학교에서도 나온다는 것을 알게되었으니 초등학교 다닐 때 저럼 복습을 대충하지 않고 중학교 왔으니까 복습을 열심히 할것이다!

# 에필로그

저도 아이들도 수학일기를 쓰는 시간은 단순한 개념 복습의 시간이 아니었습니다.

아이들이 문제를 어떻게 이해하는지, 실수는 어떻게 받아들이는지, 그리고 수학을 통해 어떻게 배우고 성장하는지를 투명하게 볼 수 있는 시간이었습니다.

그 과정을 함께하며 '가르침'이란 정답을 알려주는 것이 아니라, 아이 스스로 생각할 수 있도록 기다려주는 일이라는 것을 다시금 깊이 느낄 수 있었습니다.

수학일기를 써보며 아이들은 조금씩 자신감을 찾아가기 시작했습니다. 그리고 저는 그 기록 속에서, 아이들이 자라나는 순간들을 가장 가까운 자리에서 지켜볼 수 있었습니다.

이 책은 바로 그 시간들을 한 장 한 장 모은 기록입니다. 수학의정원 공부방에서, 아이들과 함께 하루하루 써내려간 일기이자 배움의 기록입니다.

이 작은 글들이 누군가에게는 수학을 새롭게 만나는 따뜻한 계기가 되기를, 또 누군가에게는 수업의 방향을 바꾸는 작은 영감이 되기를 바라는 마음으로 정성을 다해 수업을 기록했습니다.

수학은 '생각을 표현하는 언어'라고 믿기에, 저는 오늘도 아이들과 함께 수학을 배우고 가르치고, 쓰고, 나눕니다. 그 시간들이 모여 아이들이 수학은 어려운 것이 아니라는 것을 알게 되고 꿈이 꽃 피고 목표가 열매 맺기를, 그 과정에서 큰 힘이 되어주기를 진심으로 바랍니다.

# 배우고, 일상에서 찾아보고
# 일기로 기록하고

2025. 6. 10. 화요일

피자가 분수가 됐어요!

오늘은 내 생일 이었다.

가족들과 피자를 먹는데 분수가 생각났다.

수학시간에 분수를 배웠는데

내가 먹은 피자는 8분의 2조각

근데 2조각을 붙이면

4분의 1 조각이 된다니... 신기하다. ^^

분수는 여러가지로

표현할 수 있다는 걸 알았다.

우리 생활 속에도 수학이 들어있다.

그걸 발견한 나도 대단해! ^^

# 아이랑 쓰는 반짝반짝 수학일기

**발행일 종이책** 2025년 12월 29일
**전자책** 2025년 12월 29일

**지은이** 정현정 김혜란 서민영 이주영 최지은 황혜진

**감 수** 이신우
**편 집** 이신우
**발행인** 이신우
**펴낸곳** 두온교육 출판사

**출판사** 두온교육 출판사
**출판등록** 제391-2023-000026호 (2023년 07월 25일)
**주 소** 경기도 평택시 고덕중앙로 322 704호
**대표전화** 070-5089-5960
https://www.duonedu.info

**ISBN 종이책** 979-11-24020-29-6(43410)
**전자책** 979-11-24020-31-9(45410)